GEMÜSE-LIEBE

Wer einen Gemüsegarten sein Eigen nennt, ein paar Töpfe auf dem Balkon bepflanzt oder seinen kleinen Indoorgarten liebt, wird verstehen, was ich meine: Es gibt viele Aspekte des Gärtnerns, aber das Schönste ist doch Anbauen, um optisch, kulinarisch und mental zu genießen. Mit Permaveggies können Sie das ganz entspannt machen, einfach, weil Sie mehr Zeit haben. Gemüse, das beständig nachwächst, ohne verbraucht zu werden, ist ein wahres Geschenk.

GEMÜSE FOREVER?

Gemüse, das lange Jahre am selben Platz im Gemüsegarten bleibt, wächst und gedeiht, den Boden dauerhaft bedeckt und beinahe ununterbrochen Essbares liefert – zu schön, um wahr zu sein? »Permaveggies« gibt es wirklich!

Eigentlich kann ich mir gar keinen anderen Garten mehr vorstellen, den ich bewirtschaften möchte. Natürlich habe ich auch noch Kürbisse, Zucchini, Busch- und Gartenbohnen, Erbsen, Pastinaken und einige Einjährige mehr im Nutzgarten, aber den Löwenanteil macht doch das dauerhafte Gemüse aus. Unser Speisezettel hat sich dadurch verändert, es wird wieder mehr ausprobiert und es muss weniger zugekauft werden. Denn gerade im Spätherbst, Winter und zeitigen Frühjahr, wenn es normalerweise im Garten recht mau aussieht, steht etwas zum Ernten bereit.

Chillen erlaubt

Es gibt unglaublich viele Vorteile bei der Kultivierung von Permaveggies, einer der überzeugendsten ist wahrscheinlich die Zeitersparnis. Wer, wie ich, jahrzehntelang jedes Frühjahr mit Vorkultur, Aussaat und Auspflanzen beschäftigt war, junge Pflänzchen gehegt und gepflegt, sie in der Anfangszeit vor Schnecken und anderen gefräßigen Gartenbewohnern behütet hat, um die Reste dann nach der Ernte im Herbst wieder herauszureißen, sie unterzuarbeiten, zu kompostieren oder anderweitig zu entsorgen, die Beete mit Phacelia oder anderer Gründüngung dann wieder eingesät hat, bis im nächsten Frühjahr wieder alles von vorne begann – der weiß, wovon ich beim Thema Zeitersparnis rede. Heute ist unser Nutzgarten ganzjährig bedeckt, Erosion kommt trotz Hanglage praktisch nicht mehr vor, und selbst bei großer Trockenheit oder langen Regenperioden sind meine Permaveggies zuverlässige Nahrungslieferanten. Und es gibt weniger Arbeit und mehr Freizeit im Garten.

Der weitläufig bekannte Rhabarber *(Rheum rhabarbarum)* ist eigentlich auch ein Permaveggie.

Überlegen Sie mal

Ohne sich dessen bewusst zu sein, baut fast jeder in seinem Garten das eine oder andere dauerhafte Gemüse an. Das bekannteste ist wahrscheinlich der Rhabarber, aber auch Spargel und Meerrettich zählen zu den Permaveggies. Der bedeutendste Unterschied ist wohl, dass man die Einjährigen ganz und gar verbraucht, also aberntet und die Reste im besten Fall kompostiert. Mit Permaveggies geht man anders um, das ist fast wie eine Philosophie: Es wird nie alles genommen, immer bleiben einige Knollen in der Erde, um im Frühjahr wieder neu auszutreiben, Blatthorste werden nie ganz geschnitten, damit sie sich regenerieren können, Blütenstände bleiben stehen, um Samen zu bilden, die an anderer Stelle keimen können. Mag sein, dass es ein wenig wilder aussieht im Garten, weil nicht alles in Reih und Glied steht. Aber dieses bunte Wachstum, das Sich-Verschenken der Pflanzen, ohne selbst dabei zu Grunde zu gehen, das kann faszinierender nicht sein. Und es kommt der Gärtnerseele doch sehr gelegen, dieses andere Hegen und Pflegen. Zu guter Letzt zählen viele alte Gemüse, die früher sehr geschätzt und mitunter bereits vor Hunderten von Jahren angebaut wurden, zu den Permaveggies. Sie wurden züchterisch kaum bearbeitet und sind meist sehr robust, was Krankheiten und Schädlinge angeht, und das ist allemal von Vorteil.

Mischkultur

Ein wichtiges Prinzip im Biogarten ist die Mischkultur. Lange Reihen oder ganze Beete mit Lauch oder Möhren sind zwar einfach zu bearbeiten, aber solche kleinen Monokulturen haben den Nachteil, dass Schädlinge und Krankheiten sich schneller ausbreiten können. Wird dagegen reihenweise abgewechselt oder auch Gemüse mit ähnlichen Ansprüchen und Vegetationszeiten gemischt, bleiben die Pflanzen gesünder, weil die Schaderreger dann kein so leichtes Spiel mehr haben. Macht sich eine Schnecke in einer Mischkultur über eine Funkie her, dann steht daneben nicht noch eine köstliche Funkie, sondern vielleicht ein Meerrettich, der durchaus nicht so lecker schmeckt. Ein Kahlfraß ganzer Reihen wird so gar nicht erst möglich. Im Permaveggie-Garten ist eine bunte Mischung ganz automatisch gegeben. Die Pflanzen breiten sich durch Wurzelausläufer, Samen oder einfach durch die Vergrößerung der Horste aus. Vor allem bei der Samenvermehrung, aber auch durch die Wurzeln, tauchen dann Tochterpflanzen mal hier und mal dort im Garten auf.

Im Frühjahr spitzen die lila überhauchten Sprosse der Funkienarten aus der Erde. Ab damit in die Pfanne!

Lassen Sie sie stehen, solange sie keine anderen Arten unterdrücken. Im Laufe der Jahre und mit etwas Erfahrung kann man nämlich feststellen, dass sich Pflanzen dort ansiedeln, wo sie die richtigen Standortbedingungen und die passenden Partner finden. Auch Pflanzen haben ihre Vorlieben und scheinen zu wissen, welche Arten sie unterstützen, Nährstoffe zur Verfügung stellen und Schädlinge abschrecken. Wir sollten das im Garten tolerieren, beobachten und nur regulierend eingreifen, wenn es nötig ist.

Permaveggies und Permakultur

Im Begriff »Perma« steckt das Wort permanent, also dauerhaft; dauerhafte Kultivierung und dauerhaftes Gemüse, das passt ganz klar zusammen. Bei der Permakultur geht es nicht nur ums Gärtnern, das Prinzip ist eine Lebensphilosphie mit vielen Komponenten. Im Garten wird vor allem eins umgesetzt, und das kann für jeden Garten gelten: Das Vorbild für alles Tun ist die Natur, die sich selbst reguliert, solange sie intakt ist. Wo Mischkultur herrscht, der Boden bedeckt ist und es vielfältige Nahrungsquellen gibt, kann ein Gleichgewicht zwischen Schädlingen und Nützlingen eintreten, und chemischer Pflanzenschutz ist nicht nötig. Dazu kommt, dass bei dauerhafter Kultur weniger Abfälle anfallen. Welkes Laub bleibt beispielsweise einfach auf dem Boden liegen, es bedeckt den Boden und wird mit der Zeit durch Mikroorganismen wieder zu Erde umgewandelt.
Schon bevor die ersten Radieschen reif sind und der Spinat gepflückt werden kann, stehen Permaveggies wie Funkiensprosse zur Verfügung, die erstes frisches Grün liefern. Sogar im Winter ruht die Erntesaison nicht, und so kann man es sich manches Mal sparen, in den Supermarkt zu fahren, um Gemüse aus fernen Ländern zu kaufen, das schon einen weiten Weg hinter sich hat.

Der Blick durch die Öko-Brille

Allein aus ökologischer Sicht ist dauerhaftes Gemüse eine echte Bereicherung. Oftmals handelt es sich um Arten und Sorten, die schon vor langer Zeit angebaut, von ertragreicheren Pflanzen dann aber abgelöst wurden. So ist es beispielsweise mit der Erdmandel, die früher als Mandelersatz diente. Ernte und Säubern sind etwas mühselig und für eine große Produktion nicht rentabel. Ähnliches gilt für den Guten Heinrich, den »wilden Spinat«, der früher auf dem Dorfanger wild gewachsen ist und als Gemüse gern gegessen wurde. Mit dem Aufkommen der einjährigen, ertragreichen Spinatsorten verschwand der Gute Heinrich zusehends. Bei dauerhaftem Gemüse steht oft nicht nur das Blatt oder die Blüte, Frucht oder Wurzel als Erntegut im Vordergrund, bei ganz vielen Arten ist alles essbar und verwendbar, kaum etwas muss weggeworfen werden, und das ist in der heutigen Wegwerfgesellschaft eine wichtige Erfahrung. Durch die Mehrjährigkeit der Gemüsearten kommt es fast immer auch zur Blütenbildung, die beim einjährigen Gemüse gar nicht gewollt ist. Die Blüten bieten aber einer Vielzahl von Insekten und anderen nützlichen Gartenbewohnern Nahrung in Form von Nektar und Pollen – in Zeiten von Artenschwund und Bienensterben ist das ein nicht zu unterschätzender Faktor. Hinzu kommt, dass durch die lange Vegetationszeit mehr Kohlenstoffdioxid gebunden wird als von einjährigen Arten. Durch das oft stark ausgeprägte Wurzelsystem überstehen Permaveggies Trockenzeiten gut, gießen ist deshalb fast gar nicht nötig, ebensowenig wie eine übermäßige Düngung.

Probieren Sie doch einfach die eine oder andere porträtierte Pflanze einmal aus, entweder im Garten oder im Topf. Es wird sich lohnen!

Win-win-Pflanze: Die Taubnessel ist ein hübsch blühender Bodendecker, der es auch noch unter Bäumen zu was bringt. Wenn sie zu ausbreitungsfreudig wird, einfach alle oberirdischen Teile als Salat oder im Gemüseauflauf aufessen.

STANDORT UND BODEN

Permaveggies stammen wie viele unserer Gartenpflanzen aus unterschiedlichen Gebieten der Erde und haben mitunter besondere Ansprüche. Es gibt aber auch einige Arten, die sehr genügsam sind.

Gartentauglich?

Generell gilt: Schauen Sie sich den Boden und die Lichtverhältnisse in Ihrem Garten genau an und bedenken Sie die klimatischen Bedingungen Ihrer Region. Wenn klar ist, wie der »Garten tickt«, dann ist die Auswahl der Permaveggies keine Hexerei mehr. Viele Arten sind allerdings sowieso sehr genügsam und wachsen eher an nährstoffarmen, kargen Standorten, sodass auch an sonst nicht genutzten Gartenecken noch die eine oder andere Art gepflanzt werden kann. Besonders robust sind heimische Wildpflanzen, allen voran *Silene vulgaris*, das Taubenkropf-Leimkraut. Es wächst an den unwirtlichsten Stellen immer noch unbeeindruckt und kommt mit vielen Boden- und Standortverhältnissen zurecht. Wenn aber der Knollenziest auf zu trockenem Boden steht, wird er von Anfang an schwächeln und nie mit einer guten Ernte überzeugen.
Mir ist das beim Mädesüß so gegangen, das anfangs viel zu sonnig stand. Im trockenen Sommer 2018 ist es dann bald ganz verschwunden. Daraufhin habe ich etwas mehr Wert auf die Standortsuche gelegt und einen nährstoffreicheren, feuchteren Platz ausgesucht. Und siehe da: Nun ist das Mädesüß zufrieden und gedeiht prächtig.
Es ist ziemlich nützlich, wenn man weiß, wo die Pflanzen natürlich vorkommen. Wenn wir diese Bedingungen im eigenen Garten bieten können, werden sie sich bei uns gut entwickeln.

Das Taubenkropf-Leimkraut ist eine Pflanze für die Zukunft: Heiße, trockene Orte können sie nicht schrecken.

Ein Blick auf das Wachstum

Stauden haben von sich aus meist schon ein weit ausgeprägteres Wurzelwachstum als einjährige Pflanzen. Mit den weit nach unten reichenden oder sich stark verzweigenden Wurzeln verschaffen sie sich Zugang zu Wasser aus tieferen Bodenschichten und können so auch Nährstoffe aus tiefen Schichten nutzen. Das ist gut, denn so muss nur in Notzeiten gegossen werden und auch mit dem Düngen können wir sparsamer sein. Der Boden muss aber auch humos und gut durchwurzelbar sein, auf einem ausgelaugten und verdichteten Gartenboden werden es nur wenige Permaveggies wirklich dauerhaft aushalten.

Den Boden bearbeiten

Im Gegensatz zum herkömmlichen Gärtnern steht im Permaveggie-Garten die Bodenbearbeitung nicht im Vordergrund. Es ist vor allem wichtig, eine gute Bodengare zu bekommen und zu erhalten. Durch das Ausbringen von Kompost als Dünger für die Pflanzen ist schon ein Großteil getan. Pflanzenabfälle dürfen ruhig liegen bleiben, wie das auch in der Permakultur gemacht wird. Dadurch wird der Boden auch an noch freien Stellen bedeckt, und die Pflanzenreste wirken wie eine leichte Mulchdecke.

Wenn es stark geregnet hat und auch bei langer Trockenheit lohnt es sich, zur Hacke zu greifen. Dadurch werden die Wasserleitbahnen unterbrochen und die Verdunstung verhindert.

Die Haut der Erde

Eigentlich ist die oberste Bodenschicht vergleichbar mit einer feinen Haut. Liegt sie kahl, können durch Erosion wichtige Nährstoffe verloren gehen, die Erde trocknet aus oder verschlämmt, und die so überaus nützlichen Bodenorganismen ziehen sich zurück oder sterben sogar ab. Von einer humosen Bodenschicht ist dann keine Spur mehr. Ist der Boden jedoch stets mit Pflanzenmasse bedeckt, können Wind und Wetter ihm nichts anhaben, die Bodenlebewesen haben Nahrung und können Pflanzenreste zu Humus umwandeln. Das nützt letztlich sowohl den Gemüsepflanzen als auch uns, die wir mit einer guten Ernte belohnt werden.

Ein guter, feinkrümeliger Boden ist durch nichts zu ersetzen. Eine umsichtige, kreislaufmäßige Bewirtschaftung und der Schutz durch eine permanente Pflanzendecke helfen, die Fruchtbarkeit des Bodens zu erhalten.

SÄEN, PFLANZEN, PFLEGEN

Mit Aussaat und Pflanzung fängt alles an. Am richtigen Platz bleiben uns Permaveggies dann lange erhalten. Sie sind treue Gartenbewohner, die Pflege ist alles andere als schwierig.

Permaveggies pflanzen

Staudig wachsende Gemüsearten müssen nicht in einem Jahr ihre ganze Entwicklung durchmachen, blühen, fruchten und vergehen. Es dauert manchmal sogar 2–3 Jahre, bis sie ihre endgültige Größe erreicht haben. Um das Einwachsen ein bisschen zu beschleunigen, habe ich die meisten Permaveggies gepflanzt statt selbst gesät. Es gibt eine ganze Reihe gut sortierter Gärtnereien und mittlerweile auch Gartencenter, die z. B. Guten Heinrich, Topinambur und Artischocke im Angebot haben. Für Besonderheiten wie Flügelbohne, Erdmandel und essbare Malven sind Spezialanbieter im Internet die richtige Bezugsquelle. Im Anhang sind hierfür viele nützliche Adressen aufgelistet. Immer wieder liest man, dass Pflanzen im Topf das ganze Jahr über gesetzt werden können, Frühjahr und Herbst sind aber nach wie vor die besten Pflanzzeiten. Der Platzbedarf der Pflanzen im ausgewachsenen Zustand muss immer mitbedacht werden, also wie groß sie einmal werden, welche Ausmaße sie erreichen, sonst müssen Sie sie später noch einmal vereinzeln. Permaveggies sind dankbar für eine Kompost-Startgabe, also etwa eine Handvoll guten Komposts oder einen organischen, langsam wirkenden Dünger, den man ins Pflanzloch gibt. Dann gut angießen – das war`s.

Außer ausreichend Feuchtigkeit brauchen frisch gepflanzte Permaveggies meist nicht viel.

Selbst gezogen

Die Aussaat ist bei mehrjährigen Gemüsearten etwas langwieriger und mitunter auch schwieriger als bei einjährigen. Wer Permaveggies gerne selbst aus Samen anziehen möchte, sollte deshalb mit einer Vorkultur im Haus starten und erst dann auspflanzen, wenn die Pflänzchen sich gut entwickelt haben. Manche von ihnen brauchen zur Keimung tiefe Temperaturen, am besten werden die Saatschalen dann für einige Zeit in den Kühlschrank gestellt, andere sind

Lichtkeimer, deren Samen nicht mit Erde bedeckt werden dürfen. All diese Informationen sind in den Pflanzenporträts zusammengestellt.

Gut gepflegt

Wie schon gesagt: Permaveggies sind pflegeleicht, trotzdem können wir mit einigen Maßnahmen ein gesundes Pflanzenwachstum fördern. Lassen Sie den Pflanzen im ersten Anbaujahr noch ein bisschen Zeit sich zu etablieren und beginnen Sie erst im zweiten Jahr mit der Ernte. Die Jungpflanzen können im ersten Winter auch noch eine Mulch- und Schutzschicht aus Blättern oder Reisig vertragen, sind sie aber erst einmal eingewachsen, ist das nicht mehr nötig. Knollenziest dankt Ihnen ein leichtes Anhäufeln mit einer stärkeren Knöllchenbildung, Flügelbohnen sind sehr dankbar für eine Kletterhilfe und Ewiger Kohl, der manchmal wie alle seine Verwandten von der Weißen Fliege heimgesucht wird, kann ein Pflanzenschutznetz vertragen. Speziell bei den Blattgemüsearten macht sich eine regelmäßige Ernte bezahlt, denn dadurch werden die Pflanzen zu Verzweigung und stärkerem Wachstum angeregt und produzieren laufend Blätter. Die meisten Permaveggies wachsen lange am selben Standort, wenn Sie aber merken, dass der Ertrag nachlässt, dann ist es Zeit für einen Platzwechsel.

Permaveggies im Topf

Erdmandel, Knollenziest, ja sogar Meerrettich wachsen auch in Töpfen – aber die müssen groß genug sein. Dass auch auf dem Balkon der Standort passen muss, versteht sich von selbst. In Töpfen ist weniger Platz, es stehen weniger Erde, Nährstoffe und Wasser zur Verfügung. Deshalb muss häufiger gegossen und gedüngt werden und die Pflanzen brauchen möglicherweise im Winter einen Schutz.

Sie selbst aus Samen zu ziehen ist bei ausdauernden Gemüsen oft eine langwierige Angelegenheit, den schnelleren und erfolgversprechenderen Start legen Sie mit gekauften Jungpflanzen hin.

ZUVERLÄSSIG GEHALTVOLL

Erdbirne
Erdmandel
Knollenziest
Meerrettich
Topinambur

WURZELN UND KNOLLEN

Ohne Wurzel- und Knollengemüse wäre der Permaveggie-Garten kaum denkbar. Arten wie Erdbirne, Knollenziest und Topinambur liefern vor allem im Herbst und Winter gehaltvolle Nahrungsmittel.

Bei diesen Permaveggies sieht man das Erntegut während der Wachstumsphase nicht, nur das hübsche oberirdische Laub samt den Blüten. Die wahren Werte des Wurzel- und Knollengemüses liegen dabei im Verborgenen. Dabei geht es im Untergrund ziemlich formenreich zu! Zu dieser Gemüsegruppe gehören alle Arten, deren verdickte Wurzeln oder Wurzelsprosse gegessen werden können. Aus botanischer Sicht sind diese Speicherorgane entweder Speicherwurzeln oder Rhizome. Ich gerate immer ein bisschen ins Schwärmen beim Gedanken an Knollenziest, Erdmandel & Co. Die essbaren Speicherorgane dieser Gemüsepflanzen stecken voller wertvoller Inhaltsstoffe, mit denen die Pflanzen ungünstige Witterungsverhältnisse wie Trockenheit und Kälte überstehen und aus denen heraus sie sich vermehren. Eiweiß, Kohlenhydrate, Vitamine und mehr sind auch für die menschliche Ernährung von großer Bedeutung, und so machen wir uns Wurzel- und Knollengemüse zunutze, ernten die gesunden Erdfrüchte, ohne dabei die Pflanzen komplett zu verbrauchen. Denn das ist ja der große Vorteil der Permaveggies. Es muss nicht vor dem ersten Frost geerntet werden. Bei offenem Boden, also wenn er nicht gefroren ist, kann man ganz nach Bedarf auch im Winter ausgraben, was benötigt wird. Gerade in der kalten Jahreszeit gibt es nicht viel frisches Gemüse, da sind Erdbirnen, Topinambur & Co. eine echte Bereicherung.

Erlesene Köstlichkeiten

Bei den dauerhaften Wurzel- und Knollengemüsen handelt es sich um echte Raritäten und kulinarische Köstlichkeiten. Knollenziest und Erdbirne halten bereits in Gourmetküchen Einzug, ebenso wie Topinambur. Und auch der Klassiker Meerrettich wird wieder mehr beachtet, vor allem, weil es mittlerweile auch tolle Rezepte von Meerrettichsuppe bis -quark und Pastasauce dazu gibt. Für Diabetiker sind vor allem Topinambur mit dem enthaltenen Inulin und Knollenziest wegen des Stachiose-Gehalts interessante und gute Alternativen zur Kartoffel.

Leichte Kultivierung

Im Garten machen Wurzel- und Knollengemüse nicht viel Arbeit und sind vor allem recht genügsam. Guter, durchlässiger Gartenboden ist besonders gut geeignet, damit sich die Wurzeln und Knollen auch schön entwickeln können. Die Pflanzen wachsen aber auch in nährstoffärmeren Böden, eine regelmäßige zusätzliche Düngung fällt deshalb meistens weg, und das erspart Arbeit. Eine jährliche Kompostgabe ist aber auch für diese Gemüsearten von Nutzen, und natürlich hat auch jede Art ihre eigenen Ansprüche, die wir nicht vernachlässigen dürfen. Haben sich die Gemüsearten aber erst einmal im Garten angesiedelt, überdauern sie meist viele Jahre und verbreiten sich ganz von selbst.

ERDBIRNE

Nussiger Kartoffelgeschmack, hoher Proteingehalt und noch dazu eine attraktive windende Kletterpflanze mit duftenden, bräunlich-violetten Blüten im Herbst – die Erdbirne macht echt was her und hat das Zeug zum Bestseller.

Hingeschaut

Ist doch toll, wenn der Name so viel über das Individuum, das ihn trägt, erzählt! Bei der Erdbirne stutzt man zwar erst einmal – eine Birne in der Erde? –, aber dann entwickelt sich eine Ahnung von birnenförmigen Knollen – und das passt perfekt. *Apios americana,* so lautet der botanische Name, ist eine rhizombildende Staude, deren Wildform etwa eiergroße, essbare Knollen entwickelt, die wie Perlen an einer Schnur aufgereiht sind. Obwohl die Pflanze so viel Potenzial hat, wurde sie züchterisch noch nicht großartig bearbeitet, und so gibt es bisher nur eine Sorte, nämlich 'Nutty', die größere Knollen hervorbringt und genauso wie die Art im Garten angebaut werden kann. Und das lohnt sich unbedingt – nicht nur aufgrund der kulinarischen Genüsse. Die Erdbirne ist nämlich eine sehr attraktive Staude mit zierlichen, bis etwa 3 m langen, windenden Ranken, die an Zäunen, Pergolen und Rankgittern ein wunderschönes Bild abgibt, vor allem im Spätsommer und Herbst, wenn die bräunlich-violetten Blüten ihren Duft verströmen und sich später die dekorativen Hülsen bilden.

Woher kommt's?

Der botanische Name verrät einiges über die Pflanze, z. B., dass sie ursprünglich aus Nordamerika stammt. Sie war lange Zeit eine wichtige Nahrungspflanze der Ureinwohner. Hätten frühe europäische Einwanderer in Neuengland die Erdbirne nicht gehabt, so wären viele wohl verhungert. Am Naturstandort breiten sich die Ranken in Dickichten aus, häufig an feuchteren Stellen.

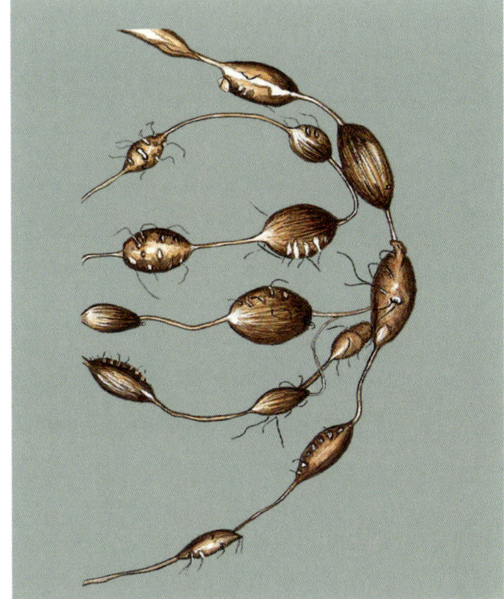

Die Knollen der Erdbirne *(Apios americana)* sind ähnlich vielfältig verwendbar wie Kartoffeln.

Ab in den Garten

Halbschattige bis sonnige Standorte sind genau richtig für die Staude, die einen durchlässigen, eher feuchten und gerne auch nährstoffreichen Boden mag. Da sie aber ein Schmetterlingsblütler *(Fabaceae)* ist und mithilfe von Knöllchenbakterien Stickstoff aus der Luft binden kann, ist Letzteres nicht unbedingt nötig. Trockenzeiten übersteht sie auch – und das ist in Zeiten des Klimawandels wichtig. Im April/Mai kommen die vorgekeimten Knollen 5–8 cm tief in die Erde, und wenn die Pflanzen sich nicht auf dem Boden ausbreiten sollen, ist ein Rankgitter nötig. Am besten kommt gleich bei der Pflanzung etwas Kompost dazu, mehr muss an Nährstoffzufuhr gar nicht sein. Mit dem ersten Frost stirbt das Laub ab und die Zeit der Ernte beginnt. Aber besser nicht schon im Jahr der Pflanzung, sondern 1–2 Jahre danach, dann gibt es viele Knollen. Einige davon lassen Sie im Boden, diese treiben im nächsten Jahr wieder aus. Die Erdbirne ist sehr frosthart, es heißt, sie verträgt bis –40 °C; bei uns ist das besonders in raueren Lagen ein wichtiger Faktor. Gerade in den ersten Jahren nach der Pflanzung ist eine Abdeckung bei großer Kälte aber nicht verkehrt.

Mmh, yummy!

Der Geschmack der Knollen erinnert an Süßkartoffeln mit einer maronenartigen Komponente. Die Knollen halten sich am besten im Garten und werden bei Bedarf und offenem Boden ausgegraben. Man kann sie auch im kühlen Keller in Sand eingeschlagen aufbewahren, damit sie nicht austrocknen, oder roh einfrieren.

Marke Eigenbau

Wollen Sie Erdbirnen vermehren oder verschenken? Dann stecken Sie die Knollen ab März in ein feuchtes Sand-Erde-Gemisch und stellen sie an einem warmen Ort auf. Sie treiben dann nach etwa 3–4 Wochen aus und können ab April/Mai ins Freiland gepflanzt werden.

Erdmandel

Erdmandeln werden auch Tigernüsse oder Chufas genannt. Ihre süßen, nach Mandeln schmeckenden Sprossknollen sind ballaststoffreich und glutenfrei. Ob im Topf oder Garten, Erdmandeln lassen sich einfach anbauen und vielseitig verarbeiten.

Hingeschaut

Erdmandeln sind meine Lieblingsknabberei, ein bisschen mühsam bei der Ernte, aber einfach lecker und noch dazu eine gesunde Alternative für Menschen mit Glutenüberempfindlichkeit. Sie wachsen horstartig mit dreikantigen Halmen und werden etwa 60 cm hoch. An den unterirdischen Ausläufern bilden sich im Herbst die Sprossknollen. Wo sie sich wohlfühlen, können sie ganze Landstriche in Besitz nehmen und gelten dann regional sogar als invasiv.
Wer auf Nummer sicher gehen will, kultiviert Erdmandeln in Töpfen. Weil sie nicht ganz frosthart sind, ist das in rauen Lagen sowieso zu empfehlen. Neben der Art sind einige Zuchtformen im Handel, die sich nicht so stark verbreiten.

Woher kommt´s?

Erdmandeln *(Cyperus esculentus)* zählen zu den Sauergräsern, wie unsere heimischen Seggen. In ihrer Heimat Afrika werden sie seit langer Zeit als Nutzpflanze kultiviert, und rund um Valencia gibt es die berühmte Erdmandelmilch.

Ab in Garten und Topf

Um die Keimdauer zu beschleunigen – sie dauert bis zu 4 Wochen – lassen Sie die Knöllchen vor der Aussaat am besten vorquellen. Dazu füllen Sie sie Ende März/Anfang April in ein Glas und spülen sie zweimal täglich mit lauwarmem Wasser, stellen sie an einen warmen Platz und decken sie mit einem Leinentuch ab. Fangen die Knollen an zu keimen, werden sie in kleine, kompostierbare Töpfe – z. B. Kokostöpfe oder selbst gemachte Papiertöpfe – gesetzt und ab Mitte Mai auf 30 × 30 cm ausgepflanzt. Zur Pflanzung gibt's 1 l Kompost/m^2 oder einen organischen Gemüsedünger, der nach Packungsangaben dosiert wird. Oder Sie setzen die Pflanzen in einen großen Topf mit Erde-Sand-Gemisch. Warm, sonnig und locker mit guter Wasserversorgung – an solchen Standorten gelingt der Anbau.

Mmh, yummy!

Geerntet wird im Spätherbst vor den ersten Frösten, wenn das Laub gelb wird: Vorsichtig aus der Erde heben – das geht am besten bei leichteren Böden –, gründlich waschen, abschrubben und gleich frisch essen oder trocknen lassen. Die getrockneten Knöllchen halten sich viele Wochen, haben einen nussigen bis kokosnussartigen Geschmack und sind als Gemüse, geröstet zum Knabbern sowie für Müsli und milchartige Getränke geeignet.

Marke Eigenbau

'Big Round', 'Jumbo', 'African Super' heißen einige gute Sorten. Bei der Ernte immer ein paar Knöllchen im Boden lassen, diese treiben dann im nächsten Frühjahr in milden Gegenden wieder aus. Im Garten in rauen Lagen gut mit Laub abdecken oder im Topf frostfrei überwintern.

Erdmandeln sind glutenfrei und enthalten viele Kohlenhydrate, davon ein Großteil Stärke, außerdem gesunde Proteine und Fettsäuren.

ERDMANDELMILCH

300 g Erdmandeln
1,2 l Wasser
1 Vanilleschote, nach Belieben

Die Erdmandeln 24 Stunden in Wasser einweichen. Wird das Wasser trübe, zwischendurch auswechseln. Das Wasser abgießen und die Erdmandeln kurz abtropfen lassen. Nun die Erdmandeln in 1,2 l Wasser geben, die Vanilleschote auskratzen und das Mark dazugeben. Schließlich in einem starken Mixer oder einer Küchenmaschine mixen. Die pürierte Masse portionsweise auf ein sauberes Baumwoll- oder Leinentuch geben und zusammenbinden, dann ganz fest ausdrücken und die Milch dabei auffangen.

KNOLLENZIEST

Der Knollenziest *(Stachys affinis)* ist eine kulinarische Wiederentdeckung: Saftig süß schmecken die Knöllchen, leicht nussig mit einem Hauch von Schwarzwurzel. Im Garten gedeihen sie bei ausreichender Feuchtigkeit gut.

Hingeschaut

Auf den ersten Blick wirken die in kurzen Abständen eingeschnürten, 4–5 cm langen Knöllchen vielleicht ein bisschen plump, aber das darf auf keinen Fall vom Probieren abhalten, weil sie nämlich richtig lecker sind. Knollenziest ist ein altes Gemüse, das endlich wiederentdeckt wird. Die Pflanze gehört zu den Lippenblütlern, wird etwa 40–50 cm hoch und hat Blätter, die an die der Zitronenmelisse erinnern. Es ist eine buschig wachsende, pflegeleichte Staude mit roten Blüten im Juli/August.

Woher kommt´s?

Haben Sie schon mal die Bezeichnungen »Japanische Kartoffel« oder »Chinesische Artischocke« gehört? Das sind andere Namen für den Knollenziest, der vermutlich aus Nordchina stammt und heute vor allem noch in Japan, Indien und Neuseeland angebaut wird.1882 gelangte er nach Crosne in Frankreich und wird bis heute dort »Crosne du Japon« oder einfach »Crosne« genannt; auch hierzulande hört man diese Bezeichnungen. Das Gemüse wurde bald darauf auch in Deutschland, England und Nordamerika eingeführt, erreichte aber nie eine große Bedeutung. Heute wird für Knollenziest auf dem Gemüsemarkt ganz schön viel Geld bezahlt, obwohl er im Garten und im Topf problemlos wächst. Also: Ran an den Anbau!

Ab in den Garten

Die Knöllchen werden im März und April zu je drei Stück 6–8 cm tief in die Erde im Garten oder im Topf gelegt, im Abstand von 30 x 40 cm. Sonne oder Halbschatten und lockerer humoser Boden sind Voraussetzung, in Trockenzeiten muss gegossen werden. Vor der Aussaat etwa 2–3 l/m² reifen Kompost einarbeiten. Für mehr Ertrag kappt man im Spätsommer die Triebspitzen, geerntet wird ab Oktober, wenn das Laub abgestorben ist.

Die eigentümliche Form der Knöllchen entsteht dadurch, dass sich die Wurzelausläufer an den Spitzen immer wieder verdicken.

Mmh, yummy!

Schälen war gestern! Knollenziest nur gut in kaltem Wasser abschrubben und damit von der Erde befreien – das ist der mühsame Teil der Arbeit. Die Knöllchen sind knusprig und ein bisschen süß. Aber aufgepasst: Nicht zu lange kochen, dann geht das Knusprige verloren. Sie schmecken mit zerlassener Zitronenbutter und im Salat. Im Kühlschrank halten die Knöllchen ein paar Tage, eingeschlagen in feuchtem Sand im Keller einige Wochen. Sie können sie auch in der Erde lassen und nach Bedarf ernten.

Marke Eigenbau

Belassen Sie immer ein paar Knöllchen oder Teilstücke im Boden, diese treiben im Frühjahr wieder aus. Um Saatgut muss man sich nach dem ersten Säen also nicht kümmern. Nach etwa 4 Jahren lässt der Ertrag nach, dann werden einige Knöllchen zurückbehalten und in einem anderen Beet ausgelegt.

GEMÜSEPFANNE MIT KNOLLENZIEST

Zutaten für 4 Portionen:
400 g Knollenziest
2–4 Lauchzwiebeln oder Schalotten
150 g Gemüse, z. B. Möhren, Pastinaken
50 g Butter und 200 ml Sahne
Salz, Pfeffer, 1 TL Zitronensaft

Die Knöllchen in kaltem Wasser gründlich säubern und kurz in Salzwasser blanchieren. Lauchzwiebeln oder Schalotten und Gemüse putzen und in Würfel schneiden. In der Butter anschwitzen, den Knollenziest zugeben und alles mit Sahne ablöschen. In 5–10 Minuten ohne Deckel bissfest garen. Mit Salz, Pfeffer und Zitronensaft abschmecken.

MEERRETTICH

Dieses Gemüse ist ein alter Bekannter in vielen Haushalten. Im Permaveggie-Garten darf es deshalb auch nicht fehlen, auch wenn es sich gerne richtig breit macht. Seine Schärfe bringt einen manchmal zum Weinen, dafür ist es aber echt gesund.

Hingeschaut

Wer kennt ihn nicht, den Meerrettich – in Österreich und auch in manchen Teilen Deutschlands sagt man Kren – und weiß von seiner Schärfe? Eine unserer ältesten Kulturpflanzen wächst noch heute wild an Wegrainen. Die Blätter – sie können etwa 125 cm hoch werden – sind kräftig und grasgrün, mit ganzrandigen und gezähnten Abschnitten ungleich eingekerbt. Ab dem zweiten Standjahr bilden sich weiße Blütenrispen. Interessant ist das Gemüse aber wegen der langen gelblich-braunen Wurzelstangen.

Woher kommt´s?

Die Heimat des Meerrettichs (*Armoracia rusticana*) ist Russland, Ost- und Südeuropa. Schon im 12. Jahrhundert soll er bei uns kultiviert worden sein, das belegen auch Schriften von Hildegard von Bingen. Zu der damaligen Zeit war Meerrettich nicht nur als Gewürz-, sondern auch als

Heilpflanze der Renner. Senfölglykoside sind ein großer Bestandteil der Wurzelstangen und die sind, in Kombination mit anderen Inhaltsstoffen, gut bei Infektionen, von den Luftwegen bis zu den Harnwegen, sie helfen bei Rheuma und Verdauungsbeschwerden.

Ab in den Garten

Mal ehrlich: Meerrettich ist eine tolle Pflanze, aber es geht manchmal ganz schnell und dann wird das »Kriegsbeil« ausgegraben. Leider ist er, einmal angepflanzt, nämlich recht hartnäckig im Garten. Deshalb muss er einen Extraplatz bekommen, auch eine tiefe Wurzelsperre lohnt sich, oder ein Fechser wird in einen großen Kübel gepflanzt. Probieren Sie es aus. Aber tiefgründig sollte der Boden sein, damit die Stangen sich schön entwickeln können, und nicht zu sandig, dann wird Meerrettich nämlich nicht so aromatisch. Ansonsten ist die Staude nicht anspruchsvoll, wächst auch im Halbschatten, braucht aber genügend Feuchtigkeit. Gesteckt werden die Fechser, das sind Seitenwurzeln, die man kaufen kann oder von netten Nachbarn geschenkt bekommt oder aber selbst vermehrt (siehe rechte Spalte). Die Fechser werden im März/April schräg in die Erde gelegt, das obere Ende muss nach oben zeigen und sollte 5 cm mit Erde bedeckt sein. Und weil die Pflanzen so ausladend werden, ist ein Abstand von 60–80 cm ideal. Für eine gute Ernte vor dem Stecken Kompost in den Boden einarbeiten.

Mmh, yummy!

Erntezeit ist in den Monaten mit »r«, jetzt lassen sich die Stangen für etwa ein halbes Jahr an einem trockenen und kühlen Platz gut lagern. Frisch riecht Meerrettich eigentlich fast gar nicht, aber wenn er gerieben ist, dann kitzelt er schon gewaltig in der Nase und brennt in den Augen.

Meerrettich *(Armoracia rusticana)* frisch gerieben schmeckt auch gut zu einer deftigen Brotzeit.

Zu Bratwürsten oder gekochtem Rindfleisch schmeckt Meerrettich toll, und Meerrettichsuppe ist wirklich köstlich.

Marke Eigenbau

Beim Ernten werden die Seitentriebe der Wurzeln entfernt, die sind dann gleich für die Vermehrung gedacht. Nur starke Fechser lohnen den Anbau. Sie sollten mindestens 1–2 cm dick sein und werden in etwa 30 cm lange Stücke geschnitten. In feuchten Sand eingeschlagen überwintern die Fechser an einem kühlen Platz sehr gut und werden dann im März/April gesteckt, wie oben schon beschrieben. Besondere Sorten gibt es vom Meerrettich übrigens nicht, allerdings regionale Varianten.

TOPINAMBUR

Die widerstandsfähige Knolle der Indianer steht wieder hoch im Kurs. Topinambur ist sehr gesund, schmeckt richtig gut und außerdem ist er sehr dekorativ mit seinen sonnenblumenartigen Blüten. Beim Anbau kann man kaum etwas falsch machen.

Hingeschaut

So schöne Blüten! Dass Topinambur mit der Sonnenblume verwandt ist, sieht man gleich auf den ersten Blick. Er hat bis 2 m hohe, grüne, rundliche und rau behaarte Stängel, die sich im oberen Teil verzweigen und an denen gestielte, eiförmige, ebenfalls rau behaarte Blätter sitzen. Leuchtend gelb sind die Blütenkörbchen, die sich im August und September zeigen und aus denen man schöne Kränze und Sträuße binden kann. Ein Allroundtalent also, mit Schwerpunkt auf den rübenförmigen bis rundlichen Sprossknollen, den Überdauerungsorganen der Pflanze. Sie enthalten keine Stärke, sondern Inulin und das macht sie auch für Diabetiker interessant. Die Knollen sind je nach Sorte birnen- oder apfelförmig, sie gleichen Ingwerknollen und es gibt sie in verschiedenen Farben: Gelb, Violett und Braun. Sie schmecken nussartig und ein bisschen süß. Einziger Nachteil ist der Ausbreitungsdrang des Topinamburs. Dagegen hilft eine Wurzelsperre, das Pflanzen in großen Kübeln, ausgiebiges Ernten, damit nicht so viele Knollen verbleiben, und eine Portion Toleranz!

Woher kommt's?

Wie die Sonnenblume ist auch der Topinambur *(Helianthus tuberosus)* ein Korbblütler und stammt aus Nord- und Mittelamerika. Bis zum 18. Jahrhundert, als die Kartoffel ihm den Rang ablief, gab es ihn auch schon in Deutschland, und er handelte sich so schöne Namen wie Ross-Erdapfel, Erdartischocke und Erdsonnenblume ein.

Topinambur *(Helianthus tuberosus)* ist etwas aufwendig zu schälen, es lohnt sich aber.

Ab in den Garten

Da Topinambur sehr hoch wird, ist ein Platz am Beetrand genau richtig, ansonsten ist er sehr anspruchslos. Lockerer Boden erleichtert allerdings die Ernte. Im März/April oder im Oktober werden die Knollen 10 cm tief mit einem Abstand von 50 × 50 cm gesetzt. Wenn die Blätter erscheinen, steht Anhäufeln auf der To-do-Liste. Hin und wieder etwas Kompost geben, mehr muss nicht sein.

Mmh, yummy!

Ab Oktober ist Erntezeit und das bis in den Februar hinein, solange der Boden nicht gefroren ist. Die Knollen sollten Sie dann gut säubern. Das Schälen ist etwas mühsam, macht das Gemüse aber verträglicher, das sonst Blähungen auslösen kann. Dünsten und Anbraten sind die richtigen Zubereitungsarten, gekocht werden die Knollen schnell fad. In dünne Scheiben geschnitten und frittiert, werden daraus leckere Chips. Blanchiert kann man sie auch einfrieren.

Marke Eigenbau

Die Vermehrung von Topinambur geht praktisch von selbst. Empfehlenswerte Sorten sind 'Gföhler Rote' oder 'Viola'.

TOPI-PÜREE

Zutaten für 4 Portionen:
600 g Topinambur
80 g Butter
400 g Kartoffeln
ca. 125 ml warme Milch
frische gehackte Kräuter

Den Topinambur waschen, schälen und würfeln. 2 EL Butter zerlassen, den Topinambur andünsten, etwas Wasser zugeben und bei niedriger Temperatur etwa 30 Min. schmoren, eventuell Wasser nachgießen. Kartoffeln schälen, würfeln und in Salzwasser gar kochen. Kartoffeln und Topinambur durch die Kartoffelpresse drücken. Mit Butter und Milch verrühren, Kräuter untermischen.

VIELFÄLTIGER GENUSS
Bärlauch, Baumspinat, Ewiger Kohl, Fetthenne, Funkie, Malve, Glockenblume, Guter Heinrich, Kardy, Kohl-Kratzdistel, Meerkohl, Rhabarber, Sedanina, Silene, Spargel, Taubnessel, Wildspargel, Winterheckenzwiebel

Blätter und Sprosse

Fad, langweilig und eintönig war gestern – in den Blättern und Sprossen von Baumspinat, Funkie, Sedanina, Wildspargel und den anderen staudig wachsenden Gemüsearten steckt viel Geschmack.

In der großen Gruppe der Permaveggies, die vor allem Blätter und Sprosse für die Küche liefern, finden sich alte Gemüse wie der Gute Heinrich, Klassiker wie der Spargel, Zierstauden wie Funkie und Glockenblume, Bodendecker wie die auch als Heilpflanze bekannte Taubnessel und nicht zuletzt auch sehr interessante Wildpflanzen.

Nützlich, schön und besonders

Im Permaveggie-Garten geht es bunt zu. Da wachsen ein paar Pflanzen Ewiger Kohl in schöner Eintracht mit Winterheckenzwiebeln und der unglaublich genügsamen Silene am trockenen und kargen Beetrand. Allesamt schöne und nützliche Stauden, die genauso gut im Ziergarten und viele sogar im Topfgarten in Kübeln und Kisten wachsen. Was den Anbau im Garten, die Bedürfnisse und Standortbedingungen angeht, so sind diese so unterschiedlich wie die Pflanzen selbst – die anschließenden Porträts geben Auskunft darüber. Einmal mit dem Experimentieren angefangen, wird sich der Anbau dieser Permaveggies schnell zur Sucht entwickeln. Davon kann ich ein Lied singen! Es macht so viel Freude, sommers wie winters das Grün der Winterheckenzwiebeln für Suppen, Salate und Aufläufe aus dem Garten zu holen oder Mengen von Baumspinat vor dem Einfrieren zu blanchieren – wohl wissend, dass die Pflanzen im Herbst zwar einziehen, im Frühjahr aber wieder aus der Erde spitzen und sich bald zu großen Pflanzen mit viel Blattmasse entwickeln werden. Nicht alle Blattpflanzen ergeben eine reiche Ernte, es sei denn, Sie bauen wirklich viel von Taubnessel oder Fetthenne an. Trotzdem bereichern die Gemüse unseren Speisezettel und erschließen vor allem geschmacklich manchmal neue Welten. Die meisten dauerhaften Gemüse liefern aber schon sehr früh im Jahr Blattmasse für die Küche, denken Sie nur an den beliebten Bärlauch. Viele davon sogar viele Monate lang, vom Frühjahr bis in den Herbst, der Ewige Kohl ist dafür ein gutes Beispiel. Ganz früh im Jahr gilt das Augenmerk der Funkie, die uns erste knackig frische Sprosse liefert. Nie alles davon ernten, damit die Pflanze sich wieder regenerieren kann!

Zähmung der Wilden

Zu meinen absoluten Favoriten in puncto wilde Permaveggies zählt das Taubenkropf-Leimkraut, die Silene. Alles an ihr ist verwertbar, und dabei ist sie noch schön anzusehen und wächst an Stellen, an denen sich sonst kein anderes Gemüse halten kann. Welche Schätze uns hier gegeben sind, die wir als Nahrungsmittel und zur Freude nutzen können! Denn ob Silene, Glockenblume oder Kohl-Kratzdistel, die Pflanzen sind nicht nur essbar, sondern haben auch floristischen Wert. Sie verwöhnen uns kulinarisch wie auch optisch.

BÄRLAUCH

Gibt es überhaupt noch jemanden, der Bärlauch nicht kennt? Das Frühjahr ist seine Zeit, er ist unglaublich beliebt und kann zu tollen Gerichten verarbeitet werden. Siedeln Sie das köstliche Lauchgewächs doch in Ihrem Garten an!

Hingeschaut

Zur Verwandtschaft zählen Zwiebeln, Schnittlauch und Knoblauch. Zum Bärlauch sagt man auch Wilder Knoblauch, denn er wächst auch in Deutschland wild und verströmt dabei einen wunderbaren Knoblauchduft. Oft schon ab Mitte März wagen sich die ersten spitzen Blätter an die Erdoberfläche, eine Pflanze bildet meist zwei deutlich gestielte, breit-lanzettliche Laubblätter aus. Von April bis Juni zeigen sich dann die rundlichen Blütenstände mit sternförmigen Einzelblüten, und bald darauf zieht der Bärlauch sein oberirdisches Grün komplett ein, um Kraft für das kommende Jahr zu sammeln.

Woher kommt´s?

Bärlauch *(Allium ursinum)* kommt in lichten Wäldern und auf eher feuchtem Boden wild wachsend in fast ganz Europa vor. In Auenwäldern wächst im Frühjahr mitunter so viel davon, dass der ganze Wald vom Bärlauchduft erfüllt ist. Geerntet werden darf aus der Natur, aber nur eine kleine Menge, man sagt Handstrauß dazu, also so viel, wie in etwa in eine Hand passt. In Naturschutzgebieten darf gar nicht gesammelt werden. Das ist sinnvoll, ansonsten wäre der Wildbestand nämlich irgendwann vom Aussterben bedroht. Viel besser ist es schon allein aus diesem Grund, Bärlauch im Garten anzusiedeln. Dann laufen Sie auch nicht Gefahr, die Blätter mit giftigen, ähnlich aussehenden Pflanzen wie dem Maiglöckchen und der Herbstzeitlosen zu verwechseln.

Für vieles geeignet, nur nicht unbedingt fürs erste Date: Bärlauch *(Allium ursinum)*.

Ab in den Garten

Damit sich Bärlauch im Garten wohlfühlt, braucht er einen nahrhaften, feuchten Boden an einem halbschattigen bis schattigen Platz. Wer auf Nummer sicher gehen will, setzt im Frühjahr ein paar gut entwickelte Stauden vom Gärtner, und wenn sie sich wohlfühlen, werden sie im Laufe der Jahre dichte Bestände bilden. Bärlauch wächst am liebsten im lichten Schatten von Laubbäumen. Die Pflanztiefe sollte etwa 10 cm, der Pflanzabstand ungefähr 15 cm betragen. Pflege benötigt der Bärlauch dann nicht mehr, nur bei großer Trockenheit ist Gießen angesagt und im Herbst eventuell eine dünne Laubschicht, die sich in Humus verwandelt und als Nährstoffquelle dient.

Mmh, yummy!

Erntezeit ist etwa von Ende März bis Ende Mai. Danach verlieren die Blätter an Aroma und es wird Zeit, den Pflanzen ihre wohlverdiente Ruhe zu gönnen. Wie die meisten Zwiebelpflanzen zieht Bärlauch komplett ein, um in der nächsten Saison wieder frischgrün zu erscheinen. Vielleicht ist es die recht kurze Saison, die den Bärlauch so begehrt macht. Salate, Soßen, Suppen, Pestos, Muffins, Smoothies, sogar Schnaps kann man daraus bereiten, am besten ganz frisch, dann ist das Aroma besonders intensiv. Sogar die kleinen Bärlauchzehen schmecken. Wer den Bestand aber nicht zu sehr schröpfen will, lässt die Zehen schön im Boden. Nur als Kochgemüse eignet sich Bärlauch nicht.

Marke Eigenbau

Bärlauch kann durch Auspflanzen der Zwiebelchen, durch Aussaat und Pflanzung der Jungpflänzchen vermehrt werden. Die Aussaat ist am schwierigsten, denn Bärlauch ist ein Kaltkeimer und braucht ein paar Jahre, bis er erntereif ist.

BAUMSPINAT

Hoch hinaus wächst der Baumspinat. Das ist richtig praktisch, denn die Blätter werden in der dritten Dimension geerntet. Dadurch spart man Fläche. Als Baumspinat werden zwei verschiedene Arten bezeichnet, nur eine davon ist mehrjährig.

Hingeschaut

Der deutsche Begriff Baumspinat wird für zwei verschiedene Arten verwendet. *Fagopyrum cymosum* ist ein Knöterichgewächs *(Polygonaceae)*, mit dem Buchweizen verwandt und trägt deshalb auch den Namen Wilder Buchweizen. Dieser Baumspinat ist ein nahrhaftes Gemüse und macht auch als Heilpflanze von sich reden. Er wird bis zu 2 m hoch und wächst schmal buschig, die gestielten Laubblätter sind herzförmig und am Rand leicht gewellt, das ist typisch für ein Buchweizengewächs. Die weißen Blüten entwickeln sich im Spätsommer und liefern die typischen Nüsschen, die früher als Kaffeeersatz verwendet wurden. Nicht minder empfehlenswert ist *Chenopodium giganteum.* Diese Art wird bis zu 3 m hoch und ist eine einjährige Pflanze. Weil er sich so schön aussamt, wenn man ihn lässt, geht er (fast) als Permaveggie durch.

Woher kommt´s?

Wilder Buchweizen stammt aus Asien. Auch in Russland und den slawischen Gebieten ist Buchweizen weit verbreitet und in der Küche fester Bestandteil verschiedener Gerichte. *Fagopyrum cymosum* spielt bei uns nur eine untergeordnete Rolle; zu Unrecht, denn der Baumspinat ist ein ergiebiges dauerhaftes Gemüse und außerdem eine nützliche und wertvolle Bienenweide. So haben Mensch und Tier etwas von der Pflanze!

Ab in den Garten

Wenn Sie mit dem Anbau von Baumspinat beginnen, dann ist es am einfachsten, sich ein paar Pflanzen bei Spezialanbietern zu bestellen. Pflanzen Sie im Frühjahr oder Herbst, Hauptsache es steht anfangs erst einmal genügend Wasser zur Verfügung. Oft wird beschrieben, dass es Baumspinat halbschattig bis schattig mag und für den Waldgarten geeignet ist. Das stimmt, doch er wächst genauso gut in der Sonne, bleibt dann eventuell aber ein bisschen kleiner. Auf nährstoffreichen Gartenböden entwickelt sich der Baumspinat sehr üppig, eine Düngung mit Kompost (3 l/m²) im Frühjahr tut ihm gut, bei Bedarf kann noch 50 g/m² Horndünger im Frühsommer dazukommen. Die langen, eigentlich kräftigen Triebe können bei Sturm schon mal umknicken. Mit Staudenringen oder -haltern bekommt der Baumspinat den nötigen Halt. Auch die Pflanzung in einem größeren Kübel ist möglich. Im Winter schützt ihn in kühleren Lagen eine 30–40 cm dicke Laubschicht vor allzu starkem Frost.

Mmh, yummy!

Das Beste kommt zuerst: Baumspinat kann fast das ganze Jahr durchgehend beerntet werden.

Auch oft als Baumspinat bezeichnet und gegessen: *Chenopodium giganteum*.

Zupfen Sie die Blätter einfach ab, gelegentlich auch die oberen Triebe, dann wächst der Baumspinat etwas buschiger nach. Gekocht ist er geschmackvoller als normaler Gemüsespinat und bezüglich der Inhaltsstoffe dem Spinat haushoch überlegen. Vor allem das Flavonoid Rutin wirkt antioxidativ und ist für den menschlichen Körper sehr wertvoll. Baumspinat kann auch roh in Salate gemischt oder zu Pesto, Smoothies oder Quiches verarbeitet werden.

Marke Eigenbau

Sind die unteren Blätter vom Baumspinat abgefallen, können Sie reife, harte Körner für die Aussaat ernten. Pflücken Sie morgens, wenn noch Tau liegt, bevor die Körner von selbst ausfallen, und trocknen Sie sie an einem warmen Platz. Vermehren können Sie den Baumspinat auch über Teilung. Haben sich schöne große Pflanzen entwickelt, können sie im Herbst ausgegraben, die Wurzelballen geteilt und an anderer Stelle wieder eingepflanzt werden.

Ewiger Kohl

Ein ausdauernder Kohl immer im Garten? Kein Säen und Pflanzen, nur noch ernten? Ein Traum, der wahr wird, wenn Sie sich auf den Ewigen Kohl einlassen. Er wird wie alle Kohlarten gepflegt, liefert aber fast ganzjährig Blätter für die Küche. Genial!

Hingeschaut

Kohl ist in »aller Munde« – das stimmt, denn die Kohlgewächse sind ein fester Bestandteil unseres traditionellen Speisezettels. Doch ob Weißkohl, Rotkohl oder Kohlrabi, alle sind sie ein- bzw. zweijährig und müssen immer wieder neu gesät oder gepflanzt werden. Gerade deshalb sind die ausdauernden Kohlarten wie Ewiger Kohl, Tausendköpfiger Kohl und Markstammkohl so wertvoll – sie ersparen einem eine Menge Arbeit und können fast das ganze Jahr über geerntet werden. Das ist gerade im Frühjahr wunderbar, wenn der Lagerkohl aus dem Garten schon längst verzehrt wurde. Der Ewige Kohl *(Brassica oleracea* var. *ramosa)*, ist ein mehrjähriger Blätterkohl, der mit seinem reich beblätterten Strunk den Grünkohlen zugeordnet werden kann. Er kann bis zu 1 m hoch werden und verzweigt sich mitunter wie ein kleiner Busch.

Woher kommt's?

Die Wildformen des Kohls kommen vor allem in Südeuropa, etwa Italien, Griechenland und Spanien, vor. *Brassica oleracea* wächst an den Küstenfelsen des Atlantiks von Spanien bis Südengland und auch auf Helgoland. Durch jahrhundertelange Züchtungsarbeit gibt es heute viele verschiedene Arten und Varietäten. Der Ewige Kohl ist wie alle Kohlarten ein Kreuzblütengewächs *(Brassicaceae)* und ist seinen wilden Verwandten in Wuchs und Aussehen noch sehr ähnlich. Er soll aus Belgien stammen und wurde dort, wie auch in der Eifel, lange Zeit angebaut. Heute spielt er kaum noch eine Rolle und ist dabei so brauchbar. Da heißt es: Anbauen und essen, was wir bewahren wollen.

Ab in den Garten

Ein sonniger bis halbschattiger Platz, nahrhafter Gartenboden und genügend Feuchtigkeit sind für die Entwicklung des Ewigen Kohls sehr zuträglich. Der heiße Sommer 2018 hat jedoch gezeigt, dass er Trockenheit und Hitze durchaus trotzen kann. Kohl ist ein Starkzehrer, deshalb ist eine regelmäßige Versorgung mit Kompost oder organischem Dünger, z. B. Hornspäne, Brennnesseljauche, wichtig. Kalkulieren Sie ca. 1 m² Platz pro Pflanze ein, der Ewige Kohl breitet sich nämlich gerne aus. Im ersten Winter lohnt sich eine Mulchdecke als Schutz. Die Pflanze zieht im Herbst ein, treibt aber im Frühjahr wieder aus. Kohlschädlinge können auch den Ewigen Kohl befallen, ein Gemüsenetz schafft Abhilfe.

Mmh, yummy!

Die Blätter des Ewigen Kohls erinnern geschmacklich an Spitzkohl und können schon im Frühjahr geerntet werden. Lassen Sie der Staude aber erst ein Jahr Zeit zum Wachsen, ab dem zweiten Jahr können Sie pflücken. Die Kohlblätter schmecken in Suppen, klein geschnitten in Risotto, gedünstet wie Spinat, gefüllt wie Kohlrouladen – sie sind wirklich vielseitig einsetzbar. Für sehr harte Winter, wenn ein Ernten nicht möglich ist, blanchiert man Blätter auf Vorrat und friert sie ein.

Marke Eigenbau

Blüten und Samen gibt es beim Ewigen Kohl nicht, vermehrt wird über Stecklinge. Schneiden Sie dazu im März/April junge Seitentriebe ab, entfernen Sie die unteren Blätter und stecken Sie die Triebe in ein Gartenerde-Sand-Gemisch. Sie bewurzeln schnell und können schon im Mai ausgepflanzt oder verschenkt werden.

KOHLFRIKADELLEN

Zutaten für 4 Portionen:
750 g Kohl
100 g Schinkenspeck
1 große Zwiebel
2 Eier
50 g Mehl, evtl. Semmelbrösel
Olivenöl, Salz, Pfeffer, gemahlene Muskatnuss

Die Kohlblätter putzen, waschen und in Salzwasser kernig kochen. Abkühlen lassen, fein schneiden, ausdrücken. Zwiebel und Speck fein hacken, in Öl anrösten, zum Kohl geben. Mit Eiern, Mehl und Gewürzen vermengen, nach Bedarf mit Semmelbrösel binden. Frikadellen formen und in Öl auf beiden Seiten knusprig braten. Dazu schmecken Kartoffeln und Joghurtsauce.

FETTHENNE

Eine Sukkulente zum Essen – das ist nun wirklich außergewöhnlich. Nicht alle *Sedum*-Arten sind essbar, einige aber durchaus empfehlenswert, denn sie bereichern Salate und Gemüse. Im Garten und Topf wachsen sie fast nebenbei.

Hingeschaut

Wie viele andere Sukkulenten sind Fetthennen wieder sehr in Mode. Allerdings ist nur Wenigen bekannt, dass man sie auch essen kann, zumindest *Sedum album, S. rupestre, S. sexangulare* und *S. spurium.* Vorsicht ist dagegen bei *S. acre,* dem Scharfen Mauerpfeffer, geboten. Manchmal wird er als Pfefferersatz beschrieben, er kann aber Reizungen im Mund hervorrufen und je nach verzehrter Menge auch Erbrechen verursachen. Bei der Auswahl der *Sedum*-Permaveggies müssen Sie deshalb gut auf die richtigen Arten aufpassen. Davon abgesehen sind die essbaren Arten aber eine echte Bereicherung. *Sedum album* wird 5–15 cm hoch und entwickelt schöne weiße Blüten, *S. rupestre* wird etwa 30 cm hoch und blüht gelb, *S. sexangulare* blüht auch gelb, bleibt mit 6–8 cm aber recht klein, *S. spurium* erreicht 7–15 cm und hat hellrote Blüten.

Woher kommt's?

In Nord- und Südamerika, Europa, Afrika und Asien kommen *Sedum*-Arten wild vor. Sie zählen allesamt zu den Dickblattgewächsen *(Crassulaceae)*, manche, wie die Große Fetthenne, werden auch der Gattung *Hylotelephium* zugeordnet, den Waldfetthennen. Als Steingarten- und Topfpflanzen stehen sie gerade hoch im Kurs, aber fast nur Permakulturgärtnerinnen und -gärtner kennen ihre kulinarische Seite.

Fetthennen *(Sedum)* blühen sehr schön, halten lange in der Vase und sind ein Bienenmagnet.

Ab in den Garten

Sedum-Arten sind sehr winterhart und beinahe unverwüstlich, überstehen Trockenphasen gut und kommen mit kargem Boden zurecht. Achten Sie beim Kauf, wie schon erwähnt, auf die richtige Art, dann kann eigentlich nichts mehr schiefgehen. An sonnigen Plätzchen machen sich die Dickblattgewächse ganz besonders gut, zu wenig gießen ist besser als zu viel. Die Kriechende Fetthenne *Sedum spurium* ist ein schöner Bodendecker, der sich gut ausbreitet, vor allem, wenn Sie die Triebspitzen ab und an kappen. Alle Arten gedeihen auch gut im Topf.

Mmh, yummy!

Vor allem das Frühjahr ist eine gute Erntezeit für *Sedum*-Arten, wenn die jungen Triebe und Blättchen saftig und zart sind. Aber auch später können die Blättchen noch abgezupft werden, am besten vor der Blüte. Einen großen Ertrag gibt es natürlich nicht, die Pflanze muss ja überleben können, aber selbst kleine Mengen können die Mahlzeit bereichern. Bei manchen Arten (z. B. *Hylotelephium telephium)* lassen sich auch die Wurzelknöllchen wie Gemüse kochen.
Die Blätter machen sich gut im Salat oder als Topping zum Gemüse, das frische Aroma mit einem Hauch von Säure passt auch gut in Kräuterquarks. Durch langes Kochen werden die Blätter aber ein bisschen matschig, also am besten erst kurz vor dem Servieren zum Kochgut geben. Wenn Sie von der Fetthenne nicht genug bekommen, legen Sie die Blättchen in gutes Pflanzenöl ein, um sie haltbar zu machen.

Marke Eigenbau

Sedum-Arten lassen sich gut durch Kopfstecklinge – also Triebspitzen – vermehren. Diese werden am besten im Frühjahr geschnitten. Alternativ können auch später im Jahr noch Blattstecklinge genommen werden. Die dürfen aber nicht geschnitten werden, man reißt sie ab. Zur Bewurzelung dient durchlässiges, nährstoffarmes Substrat. Ganze Triebe können ebenfalls geschnitten und in Wasser gestellt werden, damit sie bewurzeln. Vermehrung durch Aussaat ist auch möglich, dauert aber länger. Wer eine große Fläche bestücken will, kann einfach Sprosse ausstreuen, die sich dann bewurzeln.

FUNKIE

Ob kandiert, eingelegt, frittiert, gedünstet – die Blattschönheit Funkie ist essbar. Man hätte es sich ja denken können, die Blätter sehen gerade im Frühling zum Anbeißen aus… Schönheit und Genuss gehen hier Hand in Hand.

Hingeschaut

Dass Funkien essbar sind, ruft bei den meisten Gärtnerinnen und Gärtnern großes Erstaunen hervor. Funkien bilden große, oft verzweigte Rhizome. Die Blätter sind je nach Art und Sorte herz- bis spatelförmig oder lanzettlich und haben längs verlaufende Blattadern. Die Blattfarbe variiert je nach Sorte von Cremeweiß über Gelbgrün bis Blau, auch mehrfarbige und gemusterte Varianten gibt es. Die Blüten schieben sich im Juni/Juli durch das Laub. Die beliebte Zierstaude wird 20–80 cm hoch.

Woher kommt´s?

Funkien heißen botanisch *Hosta,* auf Deutsch sind sie auch als Herzblattlilien bekannt und gehören zu den Funkiengewächsen. Vermutlich stammen *Hosta* aus Korea, China und Japan, die erste Funkie soll sich aus einem Lilientyp entwickelt haben. In ihren natürlichen Lebensräumen wachsen Funkien überwiegend in schattigen Bereichen, an steinigen Bachläufen und im Wald. Im 18. Jahrhundert wurde die schöne Blattschmuckstaude in Europa eingeführt, heutzutage gibt es an die 5.000 Sorten. Sie wachsen in vielen Gärten und werden auch gerne in Kübeln gezogen. In Japan wird die Funkie übrigens auch als essbare Staude geschätzt.

Ab in den Garten

Ob alle *Hosta*-Arten und -Sorten als Permaveggie dienen können, das kann an dieser Stelle nicht beantwortet werden, mit *H. sieboldiana*, z. B. der Sorte 'Grünschnabel', *H. montana, H. sieboldii* und *H. longipes* können Sie aber sicher genießen. Halbschattige bis schattige Plätze sind genau richtig. Der Boden sollte humusreich, sandig bis lehmig und frisch bis mäßig feucht sein. Die Funkie zieht im Winter ein, das abgestorbene Laub kann bis zum Frühjahr als Schutz bleiben. Zum Austrieb dürfen Sie etwas Kompost oder organischen Dünger verabreichen. Die Pflanzen sind robust und so winterhart, dass sie auch in Töpfen den Winter überstehen.

Mmh, yummy!

Die lila überlaufenen Austriebe sind besonders lecker und in Japan sehr beliebt. Sie können sogar alle Schösslinge abzupfen, die Funkien treiben nochmals aus. Sie schmecken frittiert oder in Butter mit etwas Knoblauch geschwenkt phänomenal. Die ausgewachsenen Blätter werden wie Spinat zubereitet oder für Sushi verwendet. Die jungen Blattstiele schmecken süßlich. Die Knospen können frittiert, die Blüten blanchiert oder eingelegt werden.

Marke Eigenbau

Im Frühjahr oder im Herbst wird geteilt, das ist die einfachste und effektivste Vermehrungsmethode. Entfernen Sie dazu alte Pflanzenteile, graben Sie die Funkie aus und teilen Sie sie mit einem Spaten in mehrere Teile, die Sie gleich wieder einpflanzen oder eintopfen.

Die lila überhauchten Funkiensprosse sind in Asien eine begehrte Spezialität.

FUNKIENSPINAT

Zutaten für 4 Portionen:
750 g junge Funkienblätter
40 g zerlassene Butter
Salz, Pfeffer
Zitronensaft, 50 g Parmesan

Funkienblätter putzen, eventuell entstielen, gründlich waschen, in etwas kochendem Salzwasser kurz blanchieren, abseihen, abtropfen lassen. In der zerlassenen Butter schwenken, salzen, pfeffern, mit Zitronensaft beträufeln und mit Parmesan bestreuen.

GEMÜSE-MALVE

Malven zum Essen? Die Heilwirkung verschiedener Arten ist ja bekannt, aber es gibt auch welche zum Essen, wie die Moschus-Malve, die Wilde Malve und einige einjährige Arten, die auch im Permaveggie-Garten nicht fehlen dürfen.

Hingeschaut

Ohne die Malven *(Malva)* kann ein Gemüsegarten kaum auskommen. Ihre natürliche Schönheit ist »Futter für die Seele«, und sie sorgen auch für das leibliche Wohl, denn Blätter, Blüten, Samen und Wurzeln verschiedener Arten sind essbar. Bei Malven handelt es sich um ein- bis mehrjährige Pflanzen, allesamt wachsen aufrecht, die Blätter sind gelappt, manchmal tiefer eingeschnitten. Malvenblüten gibt es in Weiß, Rosa, Rot oder Violett – wer einmal eine Malve gesehen hat, erkennt die Vertreter der Gattung sofort an den typischen Blüten und Blättern, und auch an den Früchten bzw. Kapseln. Die sehen nämlich meist aus wie ein Käselaib, weshalb Malven, allen voran die einjährige Weg-Malve *(M. neglecta)* auch den Namen Käsepappel tragen. *Malva sylvestris* (siehe Bild), die Wilde Malve, und *M. moschata,* die Moschus-Malve, wachsen im Garten mehrjährig, sie liefern ab dem Frühjahr bis in den Herbst Essbares. Was die Erntemenge angeht, kann aber keine Art der typischen Gemüse-Malve *(M. verticillata)* das

Wasser reichen. Sie wächst zwar einjährig, siedelt sich aber schnell im Garten an und vermehrt sich durch ausfallende Samen.

Woher kommt's?

Malven kommen in verschiedenen Regionen unserer Erde vor. Die weiteste Verbreitung hat die Wilde Malve, die in Westeuropa, mediterranen Gebieten, dem Kaukasus, dem Himalaya und wahrscheinlich auch in China heimisch ist. Malven gehören zur Familie der Malvengewächse. Die hier vorgestellten zählen wiederum zur Gattung der Echten Malven *(Malva)*, die auch als Heilpflanzen geschätzt werden

Ab in den Garten

Malven lieben es humos und nährstoffreich, am besten ist der Boden leicht kalkhaltig. Zimperlich sind sie aber nicht und kommen auch gut mit mäßig feuchten, lehmhaltigen oder leicht trockenen, sandigen Böden zurecht. Einmal ausgesät oder gepflanzt – die mehrjährigen im Frühjahr oder Herbst, die einjährigen nach den letzten Spätfrösten im Frühjahr – sind sie pflegeleicht und brauchen nur bei anhaltender Trockenheit Wasser. Bei den höher wachsenden Arten *M. moschata* (60–80 cm), *M. sylvestris* (bis 130 cm) und *M. verticillata* (bis 3 m) ist eine Stütze vonnöten, damit sie nicht umknicken.

Mmh, yummy!

Hauptsächlich werden Blätter und Triebspitzen geerntet, und das vom zeitigen Frühjahr bis in den Herbst hinein. Sie haben einen milden Geschmack und passen gut in alle möglichen Salate. Sie schmecken auch gekocht als Spinat mit Parmesankäse oder als Gemüse. In Suppen werden sie besonders gerne verwendet, weil sie nämlich andicken. Verwenden Sie nur einwandfreie Blätter, Malven werden nämlich gerne von Rostpilzen befallen, und die sollten nicht ins Essen gelangen. Blüten und Samenkapseln der Malven kann man ebenfalls essen, die reifen Früchte schmecken nussig. Wurzeln kommen nur jung zum Einsatz, sonst werden sie zu faserig. Deren Erntezeit ist im Spätsommer und Herbst. Sie haben auch andickende Wirkung und könnten getrocknet und gerieben eventuell auch als Mehlersatz dienen.

Marke Eigenbau

Am einfachsten geht die Vermehrung von Malven über den natürlichen Weg, die Samenkapseln. Lassen Sie immer Blüten ausreifen und Samen ausfallen, dann müssen Sie sich eigentlich um nichts mehr kümmern. Sie können Malven aber auch über Stecklinge vermehren. Dazu junge Triebspitzen im Frühjahr abschneiden, in Erde stecken, wässern und bewurzeln lassen.

MALVEN-PESTO

Zutaten:
200 g Malvenblätter
60 g Pinienkerne
4–6 Knoblauchzehen, Meersalz
80 g geriebener Parmesan
150 ml Olivenöl

Blätter waschen und klein schneiden. Pinienkerne ohne Öl anrösten, anschließend hacken. Knoblauch schälen und durchpressen. Malvenblätter mit etwas Meersalz bestreuen und im Mörser mit Pinienkernen, Knoblauch und Käse zu einer Paste verarbeiten, in Gläser füllen und das Öl darüber verteilen.

GLOCKENBLUME

Fast alle heimischen Glockenblumenarten können in der Küche genutzt werden. Für den Gemüsegarten ist die Breitblättrige Glockenblume besonders interessant, weil es da genug zu ernten gibt. Es gibt auch Arten für Balkon und Terrasse.

Hingeschaut

Die schönen, zierlichen bis kräftigen, glöckchenförmigen Blüten sind das Markenzeichen der Glockenblumen und der Grund, warum sie als Zierpflanzen so beliebt sind. Für den Gemüsegarten sind viele Arten aber mindestens genauso interessant – von der Pfirsichblättrigen und Nesselblättrigen Glockenblume bis zur Wiesen- und Knäuelglockenblume, vor allem aber die sommergrüne Breitblättrige Glockenblume. Sie wird etwa 80 cm hoch, hat eiförmig-lanzettliche Blätter mit gesägtem Blattrand, die bis hinauf zur Spitze zwischen den blauen, glockenförmigen Blüten etagenartig an den aufrechten Stängeln angeordnet sind.

Woher kommt´s?

Campanula latifolia ist der botanische Name der Breitblättrigen Glockenblume, die in Mitteleuropa heimisch ist. Sie kommt wild vor in den

Alpen bis zum Kaukasus, in Nordengland und Südschweden und im nördlichen Norwegen. Sie fühlt sich wohl auf nährstoffreichen Böden und in lichten Wäldern, kommt aber auch an Straßenrändern und auf Freiflächen vor. Wie alle Glockenblumenarten zählt sie zu den Glockenblumengewächsen *(Campanulaceae)*, und ist als Zierstaude vor allem im Naturgarten angesagt. Es gibt hierzulande etwa 20 wilde Glockenblumenarten, weltweit sind es an die 300.

Ab in den Garten

Die meisten Glockenblumen wachsen in Sonne und Halbschatten, mögen einen nahrhaften Boden, aber keine Staunässe. Ansonsten sind die Ansprüche der einzelnen Arten aber unterschiedlich. Die Breitblättrige Glockenblume bringt höchste Erträge und wird auch schon mal 2 m hoch, wenn sie in humusreiche, durchlässige Erde gepflanzt wird – und sie gedeiht sogar im Kübel. Pflanzzeit ist vom März bis in den Oktober. Sie passt ins Staudenbeet oder zwischen andere Gemüsepflanzen, wo eben ein Plätzchen ist. Eine Kompostgabe zur Pflanzung und auch sonst einmal im Frühjahr fördert ein gutes Wachstum. Im Winter zieht diese Glockenblume ein. Sie können sie mit einer leichten Mulchschicht vor sehr starken Frösten schützen.

Mmh, yummy!

Pflücken Sie die Blätter der Glockenblumen, wann immer Sie sie brauchen. Vor allem im Frühjahr sind sie eine Bereicherung in der Küche. Sie können dann in Salate wandern oder als Gemüsebeilage dienen. Als essbare Dekoration sind die Blüten sehr gefragt, vor dem Essen werden aber die grünen Teile, Staubgefäße und der Griffel entfernt. Von der Acker-Glockenblume *(Campanula rapunculoides)* und der Nesselblättrigen Glockenblume *(Campanula trachelium)* können von Herbst bis Frühjahr auch die Wurzeln zu einem süßlich schmeckenden Salat verarbeitet werden.

Marke Eigenbau

Wer Glockenblumen selbst vermehren will, hat verschiedene Möglichkeiten. Bei einigen Arten sind bewurzelte Blattrosetten das Mittel der Wahl, bei anderen führen Stecklinge zu neuen, schönen Pflanzen. Am besten klappt es mit Basal-Stecklingen, das sind Stecklinge aus frisch aus der Basis ausgetriebenen Stängeln. Am einfachsten ist die Teilung der Wurzelstöcke, die aber schon ein paar Jahre alt sein sollten, bevor man sie ausgräbt und mit dem Spaten durchtrennt. Aber vielleicht haben Sie Glück und alles passiert von ganz alleine: durch Selbstaussaat.

GRÜNER FRISCHKÄSE

Zutaten für 4 Portionen:
4 Handvoll Glockenblumenblätter
2 Knoblauchzehen
200 g Frischkäse
1–2 EL Olivenöl
etwas Zitronensaft
Salz, Pfeffer

Die Glockenblumenblätter putzen, waschen und fein hacken, Knoblauch schälen und durch eine Knoblauchpresse drücken. Den Frischkäse sorgfältig zu einer cremigen Masse verrühren, Blätter und Knoblauch zufügen, das Olivenöl unterrühren und alles gut vermischen. Mit Zitronensaft, Salz und Pfeffer abschmecken. Schmeckt toll auf frisch gebackenem Brot.

GUTER HEINRICH

Man könnte fast sagen, der Gute Heinrich ist quasi der Urvater des Spinats. Er war einmal ein treuer Begleiter in bäuerlicher Umgebung und ein gern genutztes Wildgemüse. Im Garten und Topf findet er gewiss seinen wohlverdienten Platz.

Hingeschaut

Im dörflichen Umfeld um die Dunglegen an den Bauernhäusern und an anderen nährstoffreichen Plätzen war der Gute Heinrich früher weit verbreitet. In manchen Regionen ist er heute noch als Wilder Spinat bekannt, doch findet man ihn nicht mehr sehr oft, allenfalls auf abgelegenen Hofstellen, in Freilandmuseen, als historischer Bestandteil der wertvollen Dorfflora oder in den Bergen in der Nähe von Almhütten. In Feinschmeckerkreisen ist »der Gute« aber ziemlich gefragt. Er hat ein bisschen Ähnlichkeit mit der Gartenmelde, sieht mit seinen grünen, ährigen Blütenständen aber eher unscheinbar aus. Charakteristisch sind die bis zu 10 cm breiten und langen, dreieckigen bis pfeilförmigen Blätter, die leicht bemehlt erscheinen. Der Gute Heinrich wächst buschig bis aufrecht und wird bis zu 60 cm hoch.

Woher kommt's?

Früher war der Gute Heinrich *(Chenopodium bonus-henricus)*, ein Gänsefußgewächs *(Chenopodiaceae)*, eine wertvolle Nutzpflanze und hauptsächlich im gemäßigten Europa verbreitet. Oft wird er als alte Nutzpflanze beschrieben, eigentlich hatte er aber den Charakter einer Wild- bzw. Ruderalpflanze, die unter besonderen Bedingungen als Nahrungsersatz diente. Es gibt einige Legenden, die sich um seine Namensherkunft ranken, er heißt aber wahrscheinlich »Guter«, weil er als Heilpflanze genutzt wurde, und Heinrich kommt von Heinz, ein Name, der früher Elfen und Kobolden gegeben wurde.

Ab in den Garten

Den Guten Heinrich bekommt man als Staude zum Pflanzen oder als Saatgut. Soll etwas mehr davon im Garten angebaut werden, lohnt sich die Aussaat in Reihen – oder breitwürfig, wenn er verwildert werden soll. Der März ist ein guter Monat dafür. An sonnigen, nährstoffreichen Standorten wird er sich gut entwickeln. Die feinen Samen werden dünn in flache Saatrillen gestreut, später dann vereinzelt, damit die Pflanzen im Abstand von 50 × 50 cm stehen. Mit einer Gabe gut verrotteten Stallmists im Herbst wären die Pflanzen bestens versorgt, aber der steht meistens nicht zur Verfügung. Alternativ können Sie dem Gemüse mit Horndünger (100 g/m²) in zwei Gaben im Frühjahr und Herbst die nötige Stickstoffzufuhr geben. Der Wilde Spinat gedeiht auch im Topf, im Winter zieht er ein.

Mmh, yummy!

Sie müssen selbst den Geschmackstest machen, aber es wird Ihnen wahrscheinlich wie den meisten Menschen gehen: Roh schmeckt der Gute Heinrich gar nicht so gut. Gekocht ist das aber etwas ganz anderes. In Aufläufen, Maultaschen und im Strudel ist er »ein Gedicht«. Geerntet werden die jungen Triebspitzen und Blätter bis zur Blüte, allerdings erst nach dem ersten Anbaujahr. Ältere Blätter werden hart und etwas bitter. Einzelne, ganz junge Blätter können Sie auch mal in einen Blattsalat mischen, das ist aber Geschmackssache. Sind sie erst einmal geerntet, welken die Blätter sehr schnell, am besten werden sie bald verarbeitet oder blanchiert und eingefroren.

Marke Eigenbau

Wie der Spinat schießt der Gute Heinrich zum Sommer hin. Lassen Sie einfach ein paar Pflanzen zur Blüte und Samenbildung kommen, dann ist mittels Selbstaussaat die Vermehrung gesichert. Allerdings ist der Samenansatz enorm, und es werden möglicherweise mehr Pflänzchen erscheinen, als Ihnen lieb ist. Verpflanzen und teilen lässt sich der Gute Heinrich mit seinen langen, dicken Wurzeln nicht so gut.

WILDER SPINAT

Zutaten für 4 Portionen:
1 kg junge Blätter vom Guten Heinrich
5 Sardellenfilets, 3 Knoblauchzehen
250 ml Gemüsebrühe
Pfeffer, Muskatnuss, Salz

Die Blätter putzen, waschen, trocken schütteln. Die Sardellenfilets fein schneiden, Knoblauch schälen und fein hacken. Alles in der Gemüsebrühe etwa 10 Minuten bei kleiner Hitze dünsten, mit Pfeffer und Muskatnuss abschmecken, bei Bedarf nachsalzen.

KARDY

Mit dem Kardy beziehungsweise der Wilden Artischocke hielt eine imposante Pflanze Einzug in meinen Gemüsegarten. Die fleischigen, gebleichten Blattstiele und Stängel sind delikat, dafür hat der Kardy aber auch ein paar Starallüren.

Hingeschaut

Seine enge Verwandtschaft mit der Artischocke kann der Kardy nicht verleugnen. Die schönen großen, blauen Distelblüten, die von August bis September erscheinen, sind zwar kleiner, aber darauf kommt es beim Kardy nicht an, gegessen werden nämlich die Blattstiele und Stängel. Kardy, Kardone oder Wilde Artischocke ist mehrjährig, geerntet werden die Stängel aber immer im ersten Anbaujahr. Da bildet sich nämlich zunächst eine Blattrosette mit lang gestielten, breit überhängenden, tief eingeschnittenen Blättern. Insgesamt kann eine Pflanze dann etwa 1,50 m hoch und 1 m breit werden. Im zweiten Jahr bilden sich erst die Blütenköpfe, aber soweit kommt es meist nicht, wenn der Kardy als Gemüse genutzt wird.

Woher kommt´s?

Cynara cardunculus, der Kardy, war schon im Altertum bekannt und als Gemüse- und Heilpflanze hoch geschätzt. Seine Heimat ist der Mittelmeerraum – hier ist auch die stark bestachelte Wildform zu Hause –, Nordafrika und die Kanaren. Um 1650 wurde der Kardy in Europa häufig angebaut, heute gibt es u. a. in Italien, Spanien und Frankreich Anbaugebiete, z. B. in Lyon und rund um den Genfer See.

Ab in den Garten

Wer Kardy erst einmal ausprobieren will, der sollte 2–3 Pflanzen setzen und diese dann auch überwintern. Die Aussaat ist ein bisschen aufwendiger: Die feinen Samen kommen im März/April (bei etwa 20 °C) in mit Anzuchterde befüllte Töpfe. Dabei nur festdrücken oder ganz dünn mit Erde bedecken. Sie keimen schnell und müssen dann kühler gestellt werden. *Cynara cardunculus* ist ein Sonnenkind und braucht einen sonnigen, warmen Platz und als Starkzehrer sowohl einen nährstoffreichen Boden als auch eine gute kontinuierliche Versorgung mit Nährstoffen. Gleich beim Pflanzen im Mai (1 × 1 m) kann der Kardy Kompost oder gut verrotteten Mist vertragen, ansonsten über die Vegetationszeit verteilt organischen Dünger. Staunässe verträgt Kardy nicht, Wasser sollte aber genügend zur Verfügung stehen. Nur in milden Regionen überwintert er draußen. Ist es dafür bei Ihnen zu kalt, vermehren Sie ihn immer wieder wie unten beschrieben.

Mmh, yummy!

Im Herbst werden die zarten Stängel und Triebe geerntet, die einen sehr kräftigen Geschmack haben. Wer es feiner mag, bindet ab September die Blätter mit einer Schnur zusammen und umwickelt das Ganze mit einer Pappe oder Sackleinen, um die Stiele zu bleichen. Es dürfen nur noch die Blattspitzen herausschauen. Damit die Pflanze gut steht, wird rundherum angehäufelt. Nach 2–3 Wochen sind die Triebe dann schön hell und können geschnitten werden. Wie beim Spargel werden nun die festen Fäden

Kardy *(Cynara cardunculus)* blüht im zweiten Jahr mit wunderbar dekorativen Blütenständen.

und die restlichen oberen Blätter abgezogen bzw. abgeschnitten, die Stängel dann in Scheiben geschnitten und in kaltes, mit etwas Zitronensaft angereichertes Wasser gelegt, damit sie nicht braun werden. Anschließend wird der Kardy in Salzwasser gekocht. Und dann kann man ihn als Gemüse essen, kalt zum Salat geben oder in Aufläufen verarbeiten.

Marke Eigenbau

In seiner Heimat ist Kardy eine mehrjährige Pflanze. In den kälteren Regionen Deutschlands kommt der Kardy allerdings meist nicht durch den Winter. In milden Weinbaugebieten, geschützt mit einer dicken Stroh- oder Laubschicht, könnte es klappen. Ansonsten werden die Pflanzen im Spätherbst ausgegraben, in Kisten und Eimern mit Sand eingeschlagen und frostfrei bei etwa 10 °C überwintert. Vermehrt wird der Kardy über Samen, allerdings kommt es bei den meisten Sorten nicht zur Samenreife, sodass Samen nachgekauft werden müssen.

KOHL-KRATZDISTEL

Piekst die nicht? Nein, die Kohl-Kratzdistel ist viel weicher, als der Name vermuten lässt, die Blätter sind zart und die Wurzeln ebenfalls essbar. Mit der Kohl-Kratzdistel gibt es im Permaveggie-Garten auch eine Art für feuchteren Boden.

Hingeschaut

Im Volksmund wird die Kohl-Kratzdistel auch Wiesenkohl oder Kohldistel genannt, und das hört sich doch schon viel essbarer an. Tatsächlich sind alle Kratzdisteln in der Küche verwendbar, die Blätter der Kohl-Kratzdistel sind aber zum einen weicher und mit weniger Stacheln besetzt als die der anderen Arten und zum anderen recht groß, für eine ergiebigere Ernte-Ausbeute also gut geeignet. Kohl-Kratzdisteln werden 50–150 cm hoch, die Blätter sitzen direkt an den aufrechten Stängeln und sind im unteren Bereich gelappt, im oberen herzförmig. Von Juni bis September bilden sich gelbe Korbblüten.

Woher kommt´s?

Kratzdisteln wie *Cirsium oleraceum,* die Kohl-Kratzdistel, gehören der Familie der *Asteraceae,* also der Korbblütler an. In Europa und Sibirien ist die Kohldistel weit verbreitet und kommt auch in Deutschland vor. Sie ist in der Natur auf nährstoffreichen Böden zu finden, vor allem, wenn diese feucht sind, z. B. auf Grünland, an Bachufern und Auen.

Ab in den Garten

Als Nahrungspflanze hat die Kohldistel nie eine Rolle gespielt, heute wird sie eher in der Natur gesammelt als im Garten angebaut. Wenn aber ein nährstoffreicher, nicht zu trockener Boden zur Verfügung steht, lohnt sich der Anbau auf jeden Fall. Die Aussaat ist möglich, aber ein bisschen kniffelig, es dauert nämlich eine Weile, bis die Samen aufgehen. Außerdem benötigen sie eine Kältephase dazu. Das heißt, es wird im Herbst und Winter ausgesät, sonst tut sich gar nichts. Die Jungpflanzen – wer auf Nummer sicher gehen will, kauft sich welche – können vom März bis zum September gepflanzt werden. Sie gedeihen an vollsonnigen bis halbschattigen Standorten. Ein Abstand zwischen den Pflanzen von 50 cm ist genau richtig. Wenn die Kohldistel nach dem Winter wieder austreibt, werden die alten Pflanzenteile bis zum Boden zurückgeschnitten, damit man wieder junge Blätter und Stängel ernten kann.

Mmh, yummy!

Die Ernte der Blätter beginnt im April. Schneiden Sie bei der Verarbeitung deren stachelige Ränder am besten mit einer Schere ab, dann sind sie als Rohkost, in Salaten und als Gemüse, wie Spinat zubereitet, wirklich sehr schmackhaft. Bis Juni können die Blätter abgeschnitten werden. Ältere Blätter lassen sich übrigens prima kalt entsaften – für Smoothies ist das toll, oder der Saft wird passiert und als Gemüsefond verwendet. In derselben Zeit, also vor der Blüte zwischen April und Juni, sind auch die geschälten, noch weichen Stängel ein Genuss, sie sind jung roh zu essen und später als Kochgemüse. Später im Jahr werden die Triebe aber sehr faserig. Gerade im ersten Anbaujahr sind auch die Wurzeln noch sehr zart. Bis in den Winter hinein ist Erntezeit. Sie werden gewaschen und geschält und wie Wurzelgemüse verarbeitet.

Marke Eigenbau

Vom Frühjahr bis in den Herbst hinein kann man die Wurzelstöcke teilen. Aber warten Sie erst ein paar Jahre ab, die Pflanzen dürfen nicht zu jung sein. Auch im Kübel können Kohl-Kratzdisteln wachsen. Wenn im Garten kein geeigneter Standort zur Verfügung steht, ist das eine gute Möglichkeit, dieses dauerhafte Gemüse einmal anzubauen. Als Erde sollte guter Gartenboden mit Kompost (2:1) gemischt werden. Ein schattiger Platz und ausreichend Wasser, dann steht der Topfkultur nichts im Wege. Probieren Sie's aus.

DISTELKNÖDEL

Zutaten für 4 Portionen:
300 g blanchierte, gehackte Kohldistelblätter, 1 gehackte Zwiebel, Butter zum Anschwitzen, 4 Eier, 500 g Knödelbrot, Salz, Pfeffer

Zwiebelwürfel in der Butter anschwitzen. Mit den gehackten Blättern, Eiern und dem Knödelbrot mischen und die Masse gut durchkneten. Salzen, pfeffern, eventuell etwas Milch zugeben. Knödel formen und in leicht gesalzenem siedendem Wasser 10 Min. ziehen lassen.

MEERKOHL

Allein schon das Blütenmeer im Mai und Juni ist ein Augenschmaus, geschmacklich streiten sich die Geister. Im Allgemeinen gilt der Meerkohl aber als Delikatesse, vor allem die gebleichten Stängel, die schon vor der Spargelsaison begeistern.

Hingeschaut

Beim Meerkohl kann man schon mal ins Schwärmen kommen. Die graugrünen, gekrausten Blätter, die an Wellen erinnern, sind sehr apart, genauso wie der fulminante Blütenschleier, der im Mai und Juni die Pflanze überzieht, wobei die Blütendolden an aufrechten, verzweigten Blütenstielen sitzen. Meerkohl wird etwa 60 cm hoch, zieht im Herbst ein, treibt aber im Frühjahr früh wieder aus. Er ist absolut winterhart, hat dicke, verzweigte Wurzeln und breitet sich über Wurzelausläufer aus.

Woher kommt´s?

Vielleicht hat der Meerkohl *(Crambe maritima)*, Küsten-Meerkohl, See- oder Strandkohl, wie er noch genannt wird, seinen Namen der welligen Blätter wegen erhalten, vielleicht wegen seiner

Verbreitungsgebiete. Wild wächst er nämlich in kargen Küstenregionen, an den Kiesstränden von Nordsee und Atlantik, im Baltikum und am Schwarzen Meer und ist an salzhaltige Böden gut angepasst. Vor allem in englischen Küstengebieten trifft man ihn an. Dort wird er auch noch in etwas größerem Umfang angebaut.

Ab in den Garten

Obwohl seine Heimat die Küstenregionen sind, lässt sich Meerkohl doch sehr gut im Garten anbauen. Als Kaltkeimer braucht der Meerkohl bei der Aussaat niedrige Temperaturen, er kann deshalb schon im Februar im Frühbeet vorgezogen werden. Oder Sie säen schon in den Wintermonaten je 2–3 Körner in einen Topf mit einer 1:1-Mischung aus Gartenerde/Blumenerde und Sand. Haben sich einige Blätter entwickelt, kommen die Pflanzen ins Beet, und weil sie von etwas ausladender Natur sind, am besten im Abstand von 60 × 60 cm. Ein nährstoffreicher, leichter und durchlässiger Boden in Sonne oder Halbschatten sagt dem Meerkohl sehr zu. Wer eine gute Ernte einfahren will, sollte die Blütenstiele ausbrechen, damit sich die Stängel gut entwickeln. Einige können aber immer stehen gelassen werden – der Schönheit wegen. Nach der Winterruhe ist zwischen den Meerkohl-Pflanzen noch Platz. Da lohnt es sich noch Radieschen auszusäen, die erntereif sind, bis der Meerkohl die Fläche in Anspruch nimmt. Im Frühjahr nach der ersten Ernte mit gut verrottetem Mist oder anderen organischen Düngern versorgen. Im Winter ist eine Mulchschicht aus Laub ein guter Schutz.

Mmh, yummy!

Das Bleichen der Stängel kann nach drei Standjahren beginnen. Dazu einfach Eimer oder Treibglocken über die gerade austreibenden Pflanzen stülpen. Nach 3–4 Wochen sind die Stiele dann erntereif und können geschnitten und wie Spargel zubereitet werden. Oder Sie graben im Spätherbst einige Wurzeln aus, die in Eimer mit Sand gesteckt werden; sie müssen dunkel und kühl (15 °C) stehen, dann treiben sie nach einigen Wochen aus. Stängel und Blätter kann man aber auch grün ernten. Jung gepflückt haben sie einen zarten Kohlgeschmack und sind schön saftig. Sie schmecken roh als Salat, aber auch gedünstet und überbacken sehr gut.

Marke Eigenbau

Sie können es mit der Samenernte probieren, allerdings ist das nicht ganz so erfolgversprechend. Einen besseren Vermehrungserfolg hat man mit im Herbst geschnittenen Kopf- und Wurzelstecklingen, die aufrecht in Töpfe mit Sand gesteckt werden. Gießen nicht vergessen! Im Frühjahr können die Pflanzen dann ins Beet gesetzt werden. Beernten Sie die Neuen im ersten Jahr noch nicht.

MEERKOHL-GEMÜSE

Zutaten für 4 Portionen:
12 Stängel Meerkohl (mit Blättern)
2 EL Meersalz, 3 EL Weißweinessig,
etwas Butter, Mehl und Sahne, Salz

Meerkohl waschen, schälen und in etwa 4 cm lange Stücke schneiden. In kochendem Salz-Essig-Wasser etwa 20 Minuten garen, bis die Stängel weich, aber noch bissfest sind. Abgießen, aber etwas Sud zurückbehalten. Diesen mit ein wenig Butter, Mehl und Sahne binden und die Stängel hineingeben.

RHABARBER

Wahrscheinlich ist der Rhabarber das bekannteste dauerhafte Gemüse. Er wird gerne zu Saft, Marmelade oder Kuchenbelag verarbeitet, ist neuerdings aber auch in der herzhaften Küche angekommen. Dafür gibt es ein paar interessante neue Sorten.

Hingeschaut

Rhabarber ist wohl der bekannteste Vertreter dauerhafter Gemüse in unseren Gärten. Er nimmt zwar viel Platz in Anspruch – zumindest die meisten Sorten –, aber wir lieben ihn, weil er nach dem langen Winter mit seinen säuerlichen Stielen für den ersten Kuchenbelag aus dem eigenen grünen Reich sorgt. Die riesigen Blätter sind so dekorativ, dass die Pflanze durchaus auch ins Staudenbeet passt. Gegessen werden aber die dicken Stiele, und da unterscheidet man zwischen roten, rotfleischigen und grünen Sorten. Die roten und rotfleischigen sind milder als die grünen, die dafür mehr Ertrag bringen. Die bekannteste rote Sorte ist 'Holsteiner Blut'. Daneben sind 'Frambozen Rood', 'The Sutton' und 'Vierländer Blut' empfehlenswert. Rhabarber bildet dickfleischige, ineinander verwachsene unterirdische Sprossachsen, das Rhizom.

Woher kommt's?

Rhabarber *(Rheum rhabarbarum)* ist ein Knöterichgewächs und stammt aus Ostasien, wo er bereits 3.000 v. Chr. Erwähnung findet. Aber erst im 18. Jahrhundert kam der Gemüse-Rhabarber nach Europa und wurde ab1840 nahe Hamburg in großem Stil angebaut. Heute liegen die Anbauschwerpunkte in Rheinland-Pfalz und Nordrhein-Westfalen.

Ab in den Garten

Rhabarber ist robust und pflegeleicht. Ein halbschattiger oder sonniger Platz ist optimal, wichtig ist ein nährstoffreicher und nicht zu trockener Boden. Zur Pflanzung legt man im Herbst Rhizomstücke flach in tiefgründige, frische und humose Erde im Abstand von 1 m. Rhabarber ist hungrig und sollte gut mit Nährstoffen versorgt werden. Deshalb gleich zu Saisonbeginn und noch einmal nach der Ernte mit organischem Kompost oder einem anderen organischen Dünger versorgen! Zur Blüte soll der Rhabarber nicht kommen. Blütenstiele werden deshalb an der Basis entfernt. Haupterntezeit ist der Mai, ab Sommersonnenwende ist Schluss mit der Ernte. Ab jetzt dürfen die Pflanzen neue Energie zum Wachsen sammeln. Wer gar nicht auf Rhabarber verzichten will, dem sei die Sorte 'Livingstone' ans Herz gelegt, die bis in den Herbst beerntet werden kann. Der Mini-Rhabarber 'Lowberry Lilibarber' wächst bestens im Topf und liefert köstliche Rhabarberblätter.

Mmh, yummy!

Nach dem Pflanzen muss man sich bis zur ersten Ernte etwa 2 Jahre gedulden Erst dann hat die Pflanze genügend Energie gesammelt, um die ersten Stiele und Blätter abzugeben. Ist es so weit, dreht man die Stiele tief mit einem

Der Mini-Rhababer 'Lowberry Lilibarber' beansprucht ganz untypisch für Rhabarber wenig Platz.

Ruck ab. Ernten Sie nie alle Blätter. Gelee und Marmelade sind die klassischen Verwendungsmöglichkeiten, aber auch der Saft schmeckt super. Dafür werden die Stangen geputzt, in Stücke geschnitten, mit Zucker und Wasser aufgekocht und, wenn sie weich sind, abgeseiht oder durch die Flotte Lotte gedreht. In Flaschen abgefüllt und sterilisiert hält sich der Vorrat einige Monate. Rhabarber können Sie roh auch einfrieren.

Marke Eigenbau

Rhabarber vermehren Sie, indem Sie das Rhizom teilen. Dadurch wird gleichzeitig der Stock verjüngt und zum Wachsen angeregt. 1–2 Pflanzen reichen für eine 4-köpfige Familie.

SEDANINA

Das soll ein Wildkraut sein? So knackig frisch und zugleich zart hat die Sedanina so gar nichts Wildes an sich. Sie lässt sich gut im Garten oder auch im Kübel kultivieren. Sedanina geht immer.

Hingeschaut

Sedanina, auch Knotenblütiger Sellerie oder Wassersellerie genannt, ist eng mit unserem Gartensellerie verwandt und das ist unschwer am Aroma zu erkennen. Zusätzlich schleichen sich ein leichtes Karottenaroma und eine Anisnote ein, und diese geschmackvolle Kombination erzeugte beim ersten Verkosten ein »Ohh«-Erlebnis bei mir. Gibt es eigentlich irgendeinen Grund, Sedanina nicht im Garten oder Topf zu kultivieren? Das Kraut ist vollkommen winterhart und wird zwischen 30 und 80 cm groß. Es ist sommergrün, zieht also im Winter ein, die Blätter sind gefiedert. Die einzelnen Fiederblättchen sind breit-lanzettlich und am Rand gekerbt. Sedanina breitet sich über kriechende Wurzelausläufer aus und entwickelt den ganzen Sommer über schöne weiße Doldenblüten – Magnete für viele verschiedene Schmetterlinge.

Woher kommt's?

Sedanina *(Apium nodiflorum)* ist ein Doldenblütler *(Apiaceae)*. In Mittelmeergebieten ist das Kraut weit verbreitet, es kommt in Frankreich vor (ohne Korsika), auf der Iberischen Halbinsel, der Apenninenhalbinsel, der Balkanhalbinsel, den Britischen Inseln, in Zentraleuropa, der Türkei, dem Iran, Südwestasien, Zentralasien und in Nordafrika und wird meist wild gesammelt. In Deutschland trifft man es nur selten an, vielleicht ist Sedanina deshalb so wenig bekannt?

Ab in den Garten

Von März bis Oktober ist Pflanzzeit für Sedanina, die einen sonnigen Platz vorzieht und gleichzeitig feuchte Böden liebt. Also immer gut gießen oder gleich an den Teichrand setzen, so vorhanden, denn dort gedeiht sie besonders gut. Ein Abstand von 30 cm zwischen den Pflanzen ist gut, dann können sie sich schön ausbreiten und das tun sie – in Maßen – durch kriechende Wurzelausläufer. Ein Rückschnitt nach der Blüte sorgt für Neuaustrieb der Pflanzen, sodass während der gesamten Vegetationszeit frisches Schnittgut zur Verfügung steht. Zieht Sedanina dann im Herbst ein, kann auch nochmal ein Schnitt erfolgen, diesmal bodennah. Im Winter schützt eine Mulchschicht aus Laub. Sedanina im Topf muss mit Jutesäcken oder Noppenfolie umwickelt werden, damit die Pflanze nicht erfriert. Nährstoffgaben werden dankbar angenommen. Empfehlenswert sind 2–3 Gaben Kompost oder organische Dünger vom Frühjahr bis zum Herbst.

Mmh, yummy!

Zur Ernte selbst gibt es eigentlich gar nicht viel zu sagen. Zarte junge Blätter und knackige Blattstiele können vom Frühjahr bis zum Herbst gepflückt werden. Besser geht's ja eigentlich gar nicht, oder? Das delikate Sellerie-Möhren-Aroma ist in jedem Smoothie der Hit, die Stiele kann man wie Staudensellerie zum Dippen nehmen. Die Blätter schmecken grob gehackt lecker auf einem frischen Butterbrot oder im Salat. Pfannkuchen, Omelett oder Pesto – Möglichkeiten der Verwendung gibt es wirklich viele. Im Kühlschrank hält das Erntegut ein paar Tage, es kann auch – nur kurz blanchiert – eingefroren werden, aber da leidet dann der Geschmack. Am besten also: gleich aufessen!

Marke Eigenbau

Wer mehr Sedanina haben will: Im Herbst einfach die Wurzelstöcke teilen und die Pflanzen bzw. Wurzeln neu setzen. Fertig.

SMOOTHIE

Zutaten
für 2 Portionen:
1 Birne
1 Banane
2 Tassen Wasser
2 Handvoll Sedanina
1 Handvoll Brunnenkresse

Alle Zutaten waschen, gegebenenfalls schälen und im Mixer zerkleinern. Lassen Sie den Smoothie zugedeckt eine Viertelstunde stehen, bevor Sie ihn trinken, damit der karottenartige Geschmack der Sedanina sich entfalten kann. Nach Belieben kann noch ein Spritzer Zitronensaft zugegeben werden.

SILENE/STRIGOLI

Ob Sonnenschein oder Regen, trockener oder etwas feuchterer Standort – Silene, auch als Strigoli bekannt, ist ein dauerhaftes und zuverlässiges Gemüse, aber bisher nur in mediterranen Regionen bekannt und beliebt.

Hingeschaut

Da wächst ein so wunderbares Wildkraut so nah »vor unserer Nase« und wir schenken ihm kaum Beachtung! Das sollte sich unbedingt ändern, denn Silene macht im Nutzgarten eine sehr gute Figur und liefert zuverlässig vom frühen Frühjahr bis in den Herbst essbare Blätter, Stängel und auch Samen, die in viele Gerichte passen. Strigoli, wie Silene auch genannt wird, erreicht eine Höhe von etwa 80 cm, hat schmal längliche, graugrüne Blätter, die direkt an den Stängeln sitzen, und entwickelt vom Mai bis in den September weiße, rosa angehauchte Blüten mit fünf Blütenblättern und einem ganz typischen aufgeblasenen Kelch.

Woher kommt´s?

Der botanische Name der Wildpflanze lautet *Silene vulgaris,* zu deutsch das Taubenkropf-Leimkraut. Sie gehört zur Familie der Nelkengewächse *(Caryophyllaceae)*. Das Kraut ist in Europa – auch in Deutschland – weit verbreitet, wächst u.a. im östlichen Mittelmeerraum, im Kaukasus, Iran, in Zentralasien und wurde in Nordamerika sogar eingebürgert. In Mitteleuropa besiedelt Silene sonnige, mäßig trockene und ausgesprochen nährstoffarme Standorte, ist auf mageren Wiesen anzutreffen, auf Brachland und an Wegrändern. Kaum jemand in Deutschland weiß, wie gut sich das Kraut für den Garten und die Küche eignet. In südlicheren Ländern ist das allerdings anders. In Italien ist Silene beispielsweise als Strigoli bekannt, sehr beliebt und wird dort auch kulinarisch genutzt.

Ab in den Garten

Es gibt kaum eine Staude, die sich so perfekt in den Permaveggie-Garten einfügt: So genügsam und treu. Es genügt, an sonniger Stelle 2–3 Stauden zu pflanzen – das geht am besten im Frühjahr und Herbst –, mehr müssen Sie wirklich nicht tun. Selbst Trockenheit übersteht Silene gut, aber natürlich entwickelt sie sich prächtiger, wenn sie ab und zu mit Regen oder Wasser aus der Gießkanne versorgt wird. Mit der Zeit werden aus den Jungpflanzen große Stauden; es lohnt sich, die Pflanzen dann etwas hochzubinden. Im Winter zieht Silene ein, spitzt aber im Frühjahr bald wieder aus der Erde. Die schönen Blütenstiele eignen sich auch noch gut zum Schneiden und geben jedem Blumenstrauß eine wunderbare wilde Leichtigkeit. Obwohl eigentlich gar nicht gedüngt werden müsste, kann eine Stickstoffgabe, z. B. in Form von Hornmehl, das Wachstum noch beflügeln.

Mmh, yummy!

Erntezeit? Fast immer! Pflücken Sie die zarten Blätter ganz nach Bedarf. In Italien werden sie beispielsweise in Butter gedünstet, und die jungen Stängel kommen klein geschnitten in Salate oder werden wie Spargel zubereitet. Auf Korsika gibt es Silene-Suppe. Das Kraut schmeckt mild würzig im Risotto oder in Nudelgerichten. Sogar die Samen sind essbar und eine schöne Zutat zu Suppen und Salaten.

Marke Eigenbau

Auch bei der Vermehrung ist Silene ein Musterbeispiel an Einfachheit. Im Garten versamt sie sich ganz von selbst. Die älteren Wurzelstöcke lassen sich gut teilen, Stecklinge können im Frühjahr geschnitten werden und bewurzeln recht schnell. Wenn die Blüten braun werden, bilden sich die Samen, die ausgesät und im Topf vorgezogen werden können.

Silene-Risotto

Zutaten
für 4 Portionen:
1 Zwiebel, 4 EL Öl, 300 g Risotto-Reis, 200 ml Weißwein, 750 ml Gemüsebrühe, 200 g Sileneblättchen und -stängel, 100 g geriebener Parmesankäse, 80 g Butter, Salz, Pfeffer

Zwiebel schälen, würfeln, in Öl andünsten. Risotto-Reis hinzugeben, umrühren und darauf achten, dass jedes Reiskorn vom Öl glänzt. Mit Weißwein ablöschen, einkochen lassen, bis die Masse dick wird. Mit Gemüsebrühe auffüllen. Unter gelegentlichem Rühren etwa 35–40 Min. köcheln lassen. Silene waschen, klein hacken, nach 30 Min. zum Reis geben. Butter einrühren, Parmesan unterheben.

SPARGEL

Wer kennt das beliebte »königliche« Gemüse nicht? Ob weiß oder grün, während der Saison kommt kaum jemand am Spargel vorbei. Im Garten angebaut, dauert es 3 Jahre bis zur ersten Ernte, dann hat man aber seine kulinarische Freude daran.

Hingeschaut

Das Speicherorgan des Spargels liegt unter der Erde und bildet einen kurzen Wurzelstock (Rhizom). An dessen Oberseite wachsen die Spargelstangen als Seitenverzweigungen heraus. Aus nicht gestochenen Stangen werden meterhohe Triebe, die Blüten und später rote Beeren entwickeln. Bei uns in Deutschland ist vor allem der Bleichspargel ein sehr beliebtes Edelgemüse, im Gemüsegarten findet man ihn aber nur noch selten. Er braucht Platz, und der Anbau ist arbeitsaufwendiger als bei anderen Gemüsestauden. In den letzten Jahren hat der etwas »wildere« grüne Spargel an Aufmerksamkeit gewonnen. Er führt bei uns aber immer noch ein rechtes Schattendasein, dabei ist sein Aroma kräftiger, er kann vielfältig verarbeitet werden und ist einfacher im Anbau. In den Permaveggie-Garten passt der grüne Spargel deshalb sehr gut. Botanisch gesehen unterscheiden sich grüner und weißer Spargel kaum, für Grünspargel müssen aber keine Dämme angelegt werden und man kann ihn den ganzen Tag über ernten, nicht nur morgens wie den Bleichspargel.

Woher kommt's?

Asparagus officinalis heißt der Spargel botanisch, der Name deutet bereits an, dass er früher – genauer gesagt schon vor über 2.000 Jahren – als Heilpflanze genutzt wurde. Er stammt aus Europa, dem Kaukasus und Westsibirien und gehört zur Familie der Spargelgewächse *(Asparagacea)*. Die Hauptanbaugebiete in Deutschland liegen in Niedersachsen, Nordrhein-Westfalen und Brandenburg.

Ausgewachsener Spargel *(Asparagus)* ist eine imposante Staude im Gemüsebeet.

Ab in den Garten

Ein warmer, sonniger Standort und durchlässiger Boden sagen dem Grünspargel zu. Er wird im Frühjahr gepflanzt, im Herbst davor lockert man den Boden tief. Für die Pflanzung hebt man zwischen März und April einen 50 cm breiten und 25 cm tiefen Graben aus, lockert die Erde nochmals und vermischt sie anschließend mit gut verrottetem Kompost. Spargelpflanzen haben ein seesternartiges Wurzelwerk, das im lockeren Boden ausgebreitet wird. Empfehlenswerte Sorten sind 'Steiniva', 'Primaverde' und 'Viridas'. Die Rhizomköpfe sollten etwa 15 cm tief zu liegen kommen, mit einem Abstand von 35 × 100 cm. Bevor die Wurzelstöcke mit Erde bedeckt werden, mischt man diese mit Kompost und Hornspänen, damit die Pflanzen von Anfang an gut mit Nährstoffen versorgt werden. Gedüngt wird immer im Frühjahr mit 2 kg Kompost/m². Halten Sie den Boden möglichst unkrautfrei und lockern Sie ihn im Frühjahr sehr vorsichtig. Da grüner Spargel etwas früher austreibt, lohnt sich ein Vlies, damit die Stangen nicht vom Frost geschädigt werden. Im Herbst zieht Spargel ein.

Mmh, yummy!

Von April bis Juni, sobald die Sprosse etwa 20–25 cm lang sind, werden sie direkt über dem Boden abgeschnitten. Grünspargel welkt leicht und sollte bald nach der Ernte verarbeitet werden. Er muss nicht geschält werden, nur holzige Enden werden entfernt. Er wird gekocht oder kurz angebraten serviert und eignet sich roh auch zum Einfrieren.

Marke Eigenbau

Spargel kann man aus Samen selbst vermehren, wenn man ein paar Stangen blühen lässt. Im Herbst erntet man die Beeren, wäscht die Samen aus und sät sie in Töpfe. Es ist aber ein nicht ganz einfaches Unterfangen.

TAUBNESSEL

Eine wilde Alternative zum Spinat heißt Taubnessel. Im Garten wächst sie sehr anspruchslos, liefert gute Erträge und sieht dabei auch noch hübsch aus. Neben Weißer und Roter Taubnessel ist vor allem die gefleckte Art empfehlenswert.

Hingeschaut

Im Permaveggie-Garten sollten Sie es unbedingt mit den Taubnesseln versuchen, das sind nämlich tolle Gemüsepflanzen. Es eignen sich verschiedene Arten, allen gemein ist der vierkantige Stängel und die schönen, zweigeteilten Lippenblüten, die in Quirlen an den Stängeln sitzen. Geschmacklich unterscheiden sich die verschiedenen Taubnesseln kaum, lediglich in ihrer Größe, Blatt- und Blütenfarbe. Zwischen 15 und 80 cm werden die Pflanzen hoch, die Blütenfarbe ist Weiß, Gelb, Rosa oder Rot. Die lange Blütezeit von April bis zum Oktober und die süßen Blüten, die viele Hummeln, Bienen und andere Insekten anlocken, haben der Taubnessel viele weitere Namen eingebracht, z. B. Bienensaug, Hummelblume, Bienenhütel. Das zeigt: Taubnesseln sind wunderbare Bienenweidepflanzen. Für den Garten ist vor allem die Gefleckte Taubnessel interessant. Sie ist wintergrün, hat schönes weiß-grünes Laub, wächst niederliegend bis aufrecht und breitet sich kriechend aus.

Woher kommt's?

Die Familie der Taubnesseln ist groß. Weltweit gibt es rund 80 Arten und tatsächlich gibt es Taubnesseln fast überall auf unserem Planeten. Alle zählen zu den Lippenblütlern *(Lamiaceae)* und wachsen wild an Waldrändern, in Mischwäldern und auf Wiesen. Sehr häufig anzutreffen sind die Weiße Taubnessel *(Lamium album)*, die Goldnessel *(Lamium galeobdolon)* sowie die Gefleckte Taubnessel *(Lamium maculatum)*.

Ab in den Garten

Seit jeher werden Taubnesseln wild gesammelt und vor allem als Heilpflanzen genutzt. Dabei sind sie bestens für den Anbau im Garten und auch im Topf auf Balkon und Terrasse geeignet. Die Pflanzen sind wirklich anspruchslos und brauchen am richtigen Standort nur wenig Pflege. Sie mögen lichte bis halbschattige Plätze und einen humosen, nicht zu trockenen Boden. Mit einer Kompostgabe im Frühjahr sind Taubnesseln gut versorgt. Wenn es trocken wird, müssen die Pflanzen gegossen werden. Aus Samen lassen sich Taubnesselarten nur schwer anziehen. Setzen Sie einfach im Frühjahr oder Herbst einige Jungpflanzen in den Garten oder in den Topf. Für den halbschattigen Balkon ist z. B. *Lamium maculatum* sehr gut geeignet. Wenn sie sich besonders wohlfühlen, neigen Taubnesseln ein wenig zum Wuchern. Wem das nicht behagt, der kann eine Wurzelsperre miteinpflanzen oder die Pflanze im Topf kultivieren.

Mmh, yummy!

Blätter und Stängel können gepflückt werden, sobald sich die Pflanze gut entwickelt hat. Sie haben einen milden, leicht würzigen Geschmack und passen in Wildkräutersalate und Kräuterbutter. Machen Sie doch mal einen Kräuteressig oder ein Kräuteröl mit Taubnesseln; das sind auch schöne Mitbringsel für Freunde. Vor allem die Gefleckte Taubnessel ist als Gemüse lecker und kann genau wie Spinat zu Quiches, Aufläufen, Nudelgerichten und Smoothies verarbeitet werden. Taubnesseln passen geschmacklich toll zu Fischgerichten. Dafür werden die Blätter blanchiert oder kurz in Butter gedünstet. Und die Blüten? Die schmecken richtig süß. Sie machen sich wunderbar auf süßen und herzhaften Gerichten als essbare Garnierung.

Marke Eigenbau

Taubnesseln haben eine Besonderheit in der Art und Weise ihrer Vermehrung: Ihre Samen werden von Ameisen verbreitet. Die Vermehrung über Samen durch den Menschen ist aber eher schwierig. Was die Ameisen da nur tun? Um neue Pflanzen zu bekommen, schneidet man am besten im Frühjahr oder Herbst Stecklinge von den alten Pflanzen, diese bewurzeln sich leicht und schnell. Oder man teilt die Taubnesseln im Frühjahr.

TAUBNESSELÖL

Zutaten für 1 Flasche à 1 l:
1 Handvoll Taubnesselblätter
1 l kalt gepresstes Olivenöl

Verwenden Sie nur gesunde Blätter für das Öl! Säubern Sie die Blätter gut und geben Sie sie in ein durchsichtiges Schraubdeckelglas mit weiter Öffnung. Übergießen sie die Blätter mit dem Öl. Verschließen Sie das Glas und stellen Sie es für 2 Wochen an einen warmen, hellen Platz. Ab und zu schütteln!

WILDSPARGEL

Ein Geheimtipp und eine Delikatesse – Wildspargel ist nur entfernt mit dem »richtigen« Spargel verwandt, gegessen werden aber auch bei ihm die Blütensprosse und die sind sehr delikat. Der schönen Blüten wegen heißt er auch Milchstern.

Hingeschaut

Eigentlich heißt die ganze Gattung *Ornithogalum,* auf Deutsch Milchstern, denn alle Arten haben die schönen radförmigen Blüten, die in Trauben angeordnet sind und im Juni und Juli erscheinen. Beim Wildspargel bzw. Waldspargel oder Stern von Bethlehem sind die Blüten weiß. Insgesamt wird die Zwiebelpflanze 60–100 cm hoch, die langen schmalen Blätter und die Blütensprosse entspringen direkt aus der Zwiebel – die nicht gegessen werden darf! Sie ist nämlich giftig, was dem schönen Gemüse Namen wie Gärtnerschreck und sogar Gärtnertod eingebracht hat. Die Sprosse sind dagegen sehr schmackhaft, das weiß man in Frankreich und Italien schon lange. Hierzulande bekommt man dieses Gemüse aber nur selten. Wildspargel ist sommergrün, er zieht im Herbst ein und kann Temperaturen bis –20 °C überstehen.

Woher kommt's?

Ornithogalum pyrenaicum wurde erst vor Kurzem in die Familie der Spargelgewächse (*Asparagacea*) eingeordnet. Häufig liest man noch, dass er zu den Liliengewächsen oder den Hyazinthengewächsen zählt. Wahrscheinlich trägt er von jeder Familie einige Eigenschaften in sich. Der Pyrenäen-Milchstern, Wild- oder Waldspargel kommt in fast ganz Europa vor, nur im Norden macht er sich rar. Man findet ihn wild z. B. in der Türkei, im Kaukasus und in Marokko. Sogar in Deutschland gibt es ein paar kleinere Wildbestände. Vielleicht nennt man ihn deshalb auch den »Preußischen Spargel«.

Probieren Sie mal Pasta mit Wildspargel. Etwas Weißwein, Knoblauch, Butter, Parmesan dazu ... vorzüglich!

Ab in den Garten

Bester Standort für den Wildspargel ist ein heller Platz ohne direkte Sonne. Am besten ist er im Frühjahr etwas feuchter, im Sommer darf er dann ruhig trocken sein. Beim Gartenboden hat der Wildspargel nur einen Anspruch: Er darf nicht kalkhaltig sein. Das ist schon alles, was man für die Kultur wissen muss. Im Herbst werden die Zwiebeln etwa 10 cm tief gesetzt, ein Abstand von 30 cm ist ausreichend. Düngen können Sie sparsam, eigentlich ist es gar nicht erforderlich. Eine dünne Kompostschicht, die im Frühjahr zwischen den Pflanzen ausgebracht wird, ist aber sicherlich gut für das Wachstum.

Mmh, yummy!

Erntezeit ist, wenn sich die Blütensprosse gut entwickelt haben, aber noch nicht blühen. Schneiden Sie die zarten Stangen dann bodennah ab. Sie sind ein bisschen empfindlich und werden am besten während der Ernte locker in einen Korb gelegt. Geschält werden müssen die Stangen nicht, das wäre bei den zarten Stangen auch unmöglich. Eine gute Reinigung ist vor dem Verzehr aber nötig, das Stiel-Ende schneiden Sie wie beim echten Spargel ab. Und dann steht dem Verzehr schon nichts mehr im Wege, denn die Blütensprosse können auch roh gegessen werden und sind auch in Salaten eine delikate Bereicherung. Kochen geht natürlich auch, aber nur ein paar Minuten. Die bessere Garmethode ist das Dünsten in Butter. Dann bleiben die Sprosse schön zart, aber noch bissfest. Drei Minuten reichen aus, dann ist Wildspargel verzehrfertig. Etwas Knoblauch, Weißbrot und ein guter Wein – das ist Glück!

Marke Eigenbau

Über Tochterzwiebeln lässt sich Wildspargel ganz einfach vermehren, sie werden im Sommer ausgegraben und an anderer Stelle eingesetzt. Wenn Sie Samen ernten, säen Sie diese im Herbst in den Frühbeetkasten, weil das Saatgut zum Keimen Kälte benötigt.

WINTERHECKENZWIEBEL

Oft ist die Winterheckezwiebel das erste dauerhafte Gemüse, das im Garten Einzug hält. Zu Recht, es zählt nämlich zu den dankbarsten Gewächsen, vermehrt sich brav, lässt sich kontinuierlich ernten und ist Ersatz für Lauch und Schnittlauch.

Hingeschaut

Verleugnen kann die Winterheckenzwiebel ihre Zugehörigkeit zur Gattung *Allium*, also zu den Zwiebeln, nicht. Sie bildet dichte Stöcke mit röhrenförmigen Blättern, man sagt auch Schlotten dazu, die schon sehr früh im Jahr treiben, früher als Schnittlauch. Die runden, weißen Blüten sind typisch für Zwiebelgewächse und bei Hummeln sehr beliebt. Die unterirdischen Zwiebeln sind aber nur schwach verdickt und mit vielen Wurzeln besetzt. Für die Küche sind sie deshalb nicht so wichtig. Winterheckenzwiebeln liefern das ganze Jahr über und viele Jahre lang aromatisches, würziges Grün.

Woher kommt´s?

Die Winterheckenzwiebel, botanisch *Allium fistulosum,* ist wahrscheinlich von China über Russland zu uns gekommen und wurde ab dem Mittelalter in Kloster-, später auch in Bauerngärten angebaut. Sie ist mehrjährig – im Gegensatz zur Gartenzwiebel *(Allium cepa)*, die bekanntermaßen einjährig kultiviert wird.

Ab in den Garten

Von März bis Mai können Sie die Winterheckenzwiebel im Abstand von 25 x 10 cm aussäen. Vom Auflaufen bis zur Ernte dauert es dann aber einige Monate, wie bei den meisten dauerhaften Gemüsearten. Am besten gedeihen die Zwiebelgewächse auf nährstoffreichem, humosen Boden in sonniger Lage. Sie können Winterheckenzwiebeln übrigens auch im Topf kultivieren. Aufgrund ihres ausladenden Wuchses reicht dabei meist eine Pflanze pro Topf. Wichtig ist eine ausreichende Wasserversorgung, für den Nährstoffnachschub ist eine Kompostgabe im Frühjahr und eine im frühen Herbst angebracht. Sie können aber auch einen anderen organischen Dünger nehmen. Saatgut kann man nur bei wenigen Anbietern bekommen, die sich vor allem auf alte Arten und Sorten spezialisiert haben. Die Sorten 'Braunschalige' und 'Weißschalige' sind gut.

Mmh, yummy!

Das Tolle an der Winterheckenzwiebel ist die beinahe ganzjährige Ernte. Die röhrenförmigen Blätter werden ganz nach Bedarf bodennah abgeschnitten. Am zartesten sind die noch jungen Blätter, nutzbar sind aber auch die älteren, etwas festeren. Im Geschmack ist die Winterheckenzwiebel milder als Schnittlauch und Lauch. Die jungen Blätter können wie Schnittlauch klein geschnitten und aufs Brot gestreut oder zum Salat gegeben werden, sie schmecken als Topping zur Suppe und zu Kartoffeln. Man kann sich sogar einen schönen Vorrat anlegen, denn

Winterheckenzwiebeln kennen wir aus dem Supermarkt vielerorts auch als Frühlingszwiebel.

die klein geschnittenen Blätter lassen sich gut einfrieren. Die festeren großen, röhrenförmigen Blätter werden kurz angebraten oder gedünstet und sind dann toll für Wok-Gerichte. Sie können aber genauso gut wie Lauch als Gemüse zubereitet oder als Zutat für Quiches, Gratins und Aufläufe dienen.

Marke Eigenbau

Oft liest man, dass die Stöcke nach etwa 4 Jahren erschöpft sind, in meinem eigenen Garten stehen die Winterheckenzwiebeln allerdings schon über 10 Jahre am selben Platz und schwächeln noch nicht. Aber es ist sicher an der Zeit, die Pflanzen zu teilen und an anderer Stelle wieder zu pflanzen, denn diese Verjüngungskur wird ihnen guttun. Sie können aber auch die Samen ernten und im Herbst aussäen. Es dauert dann eben länger bis zur Ernte.

ESSBARE SCHÖNHEITEN

Artischocke
Etagenzwiebel
Mädesüß
Nachtkerze
Süßdolde
Taglilie

BLÜTEN, FRÜCHTE, SAMEN

Kuriose Schönheiten wie die Etagenzwiebel, mediterrane Stauden wie die Artischocke und alte Gemüsearten wie die Süßdolde machen diese Gruppe der ausdauernden Gemüse zur buntesten im Nutzgarten.

Von jeher stehen Früchte aus dem Nutzgarten auf dem Speisezettel. Mit Samen hat man ebenso früh bereits gewürzt oder sie meist geröstet als köstliche Knabberei gegessen. Dass Blüten ebenfalls essbar und verwertbar sind, das wussten zwar unsere Vorfahren, dieses Wissen geriet aber zunehmend in Vergessenheit. Erst in jüngster Zeit ist das Kochen mit Blüten wieder in Mode gekommen. Wie schön.

Blütenküche

Bei den meisten dauerhaften Gemüsearten liegt der Fokus auf den Blättern, Stängeln, Zwiebeln und Knollen, Früchten und Samen. Üppiger Blütenreichtum ist beim Gemüse eigentlich nicht sehr stark ausgeprägt, die Blüten sind eher eine schöne Dreingabe. Dabei sind viel mehr Blüten essbar, als man denkt, und die Blütenküche ist nicht nur gesund und lecker, sondern auch ein optischer Genuss. Wenn Sie Blüten in Ihren Speisezettel integrieren, haben Sie wahrscheinlich auch schon einen kleinen Permaveggie-Garten. Taglilien zum Beispiel haben im Staudenbeet ihren festen Platz. Die Knospen schmecken frittiert, gebacken und gekocht, die Blüten in Salaten und als Topping für Suppen, viele Beilagen und Nachspeisen. In Butter eingearbeitet sind Blüten toll für den Grillabend, und in der Limonade eine aromatische, hübsche Zutat, die Kindern und Erwachsenen schmeckt. Ganz anders und sehr edel ist die Artischockenblüte. Die Kultivierung ist ein bisschen tricky, aber wer es einmal im Griff hat, möchte auf die mediterrane Schönheit auf keinen Fall mehr verzichten.

Früchte und Samen

Typische Fruchtgemüsearten, die viele Früchte produzieren, wie Tomate, Chili, Paprika und Kürbis, sind einjährig. Sie liefern einen hohen Ertrag, müssen aber jedes Jahr aufs Neue aus Samen vorgezogen und ausgepflanzt werden. So produktive Permaveggies gibt es nicht sehr viele, die Flügelbohne würde dazu zählen. Allerdings ist sie etwas frostempfindlich und deshalb im Kapitel »Mimosen« gelandet. Sehr gerne habe ich auch die Etagenzwiebel, die ihre Zwiebelchen nicht unter der Erde, sondern an den langen Stängeln bildet. Sie sieht toll aus, und ich bin beim Ernten immer dankbar, dass ich mich nicht so tief bücken muss. Die Zwiebelchen sind zwar etwas kleiner als normale Zwiebeln, dafür schmecken sie aromatisch und mild zugleich. Von Mädesüß und Süßdolde alleine kann man sich gewiss nicht ernähren, sind doch vor allem die Samen essbar. Aber sie bereichern auf ihre Weise den Garten und liefern eine gesunde Knabberei. Die noch grünen Samen der Süßdolde schmecken auch Kindern, sie werten Obstsalate auf und wurden früher wie heute in Gewürzbrote eingebacken. Da gibt es so manches auszuprobieren.

ARTISCHOCKE

Als Königin der Gemüse wird die Artischocke bezeichnet, allein schon die wunderschönen Blüten strahlen etwas Herrschaftliches aus. Und dann erst die köstlichen Blütenböden – da nimmt man gerne ein paar Starallüren in Kauf.

Hingeschaut

Ohne Zweifel ist die Artischocke eines der dekorativsten Permaveggies, und sie wird wohl eher wegen ihrer schönen blauvioletten Blüten, die ab Juli/August zu bewundern sind, in unseren Gärten angepflanzt. Die Blütenköpfe sind aus groben, schuppenartigen Hüllblättern zusammengesetzt. Wenn sie sich öffnen, erscheinen die zahlreichen blauen Röhrenblüten. Diese sind auch bei Hummeln, Bienen und Schmetterlingen sehr beliebt. Sie lassen sich übrigens gut trocknen und halten dann sehr lange. In einer schlichten Vase oder einem Kranz sehen sie toll aus. Soweit kommt es allerdings gar nicht, wenn man sich auf das Essbare konzentrieren will, denn geerntet werden die Knospen. An der Artischocke ist einfach alles stattlich: von der Blüte bis zu den stark gelappten, graugrünen bis blaugrauen, distelartigen Blättern – die

Farbe ist sortenabhängig. 1–2 m wird jede dieser imposanten Gestalten aus der Familie der Korbblütler *(Asteraceae)* hoch und etwa 1 m breit.

Woher kommt's?

Wie eng Kardy und Artischocke miteinander verwandt sind, das zeigen die botanischen Namen der beiden Arten. Die Artischocke heißt wie der Kardy *Cynara cardunculus,* trägt aber noch den Zusatz Grp. *Scolymus*, der sie als Gemüse-Artischocke auszeichnet. Der Korbblütler ist in mediterranen Gebieten beheimatet, vom östlichen Mittelmeer bis Nordafrika, westlich bis Spanien, außerdem auf den Kanarischen Inseln. Schon im 1. Jahrhundert soll die Artischocke als Delikatesse und als Heilpflanze eine Rolle gespielt haben. Heute wird sie erwerbsmäßig vor allem in Italien, Spanien und Frankreich angebaut, dort, wo es nährstoffreiche Böden gibt und es schön warm ist.

Ab in den Garten

Artischocken brauchen einen warmen, sonnigen und geschützten Platz, einen gut gelockerten Boden, damit sich die langen Wurzeln gut ausbreiten können, und eine ausreichende Versorgung mit Nährstoffen. Am besten geben Sie zur Pflanzung und in jedem Frühjahr Kompost, eine weitere Nährstoffgabe mit organischem Dünger kommt im Frühsommer dazu. Wenn sie Artischocken aussäen, ziehen Sie die Pflanzen im Februar auf der Fensterbank vor. Im Mai, nach dem letzten Frost, pflanzen Sie sie im Abstand von 1 × 1 m aus. Sie brauchen ausreichend Wasser und überdauern, wenn es nicht kälter als – 5 °C wird. Nach der Ernte kürzen Sie die Pflanze bis auf wenige Zentimeter ein und decken sie mit einer dicken Schicht Laub oder Stroh ab. Weil es bei uns oft sehr kalt wird, grabe ich sie vorsichtig mitsamt den Wurzeln aus und schlage sie in einem großen Kübel mit Sand ein. Bei 2–5 °C überdauern sie gut im Keller. Ab März/April härte ich sie an sonnigen Tagen draußen ab und pflanze sie im Mai aus. Empfehlenswert sind die Sorten 'Green Globe', 'Große von Laon' und 'Orlando'.

Mmh, yummy!

Im August und September schneiden Sie die fest geschlossenen Blütenköpfe ab und kochen sie etwa 30 Minuten in etwas Zitronenwasser. Die Schuppen zieht man einzeln mit der Hand aus dem Blütenboden und lutscht das Fruchtfleisch heraus. Besonders gut schmeckt der Blütenboden selbst.

Marke Eigenbau

Nach 3–5 Jahren lässt der Ertrag bei Artischocken nach. Samen für eine Neuaussaat sammeln Sie im Herbst. Lagern Sie sie bis zur Aussaat kühl und trocken.

GRUNDREZEPT

Zutaten für 4 Portionen:
8 kleine Artischocken
Saft von 4 Zitronen
Salz

Artischockenknospen waschen, die äußeren Blätter entfernen. In einem ausreichend großen Topf Salzwasser zum Kochen bringen, Zitronensaft zugießen und die Artischocken darin etwa 20–30 Min. gar kochen. Zum Dippen schmeckt Knoblauchbutter oder Aioli.

ETAGENZWIEBEL

Skurril sieht sie aus, die Etagenzwiebel, und ist eine echte Kuriosität. Sie erobert mit ihren zugegebenermaßen kleinen Zwiebelchen die dritte Dimension im Garten. Und weil sie so schön ist und nicht viel Platz benötigt, passt sie auch gut ins Staudenbeet.

Hingeschaut

Die Etagenzwiebel kennt man unter vielen Namen: Ägyptische Zwiebel wird sie genannt, Johanniszwiebel oder Luftzwiebel, wobei diese Bezeichnung besonders gut zutrifft, denn die kleinen, essbaren Brutzwiebeln bilden sich nicht nur unterirdisch, sondern vor allem auch an den 50–80 cm hohen, hohlen Stängeln. Blüten gibt es dafür keine, man nennt solche Pflanzen auch lebendgebärend oder vivipar. Die Zwiebelchen strecken wiederum ihre Blätter elegant in die Lüfte und es bilden sich auf diese Weise noch bis zu 2 weitere Etagen.

Woher kommt´s?

Die Eltern der Etagenzwiebel (*Allium cepa* Grp. *Proliferum*) sind die Küchenzwiebel und die Winterheckenzwiebel. Sie ist eine alte Bauerngartenpflanze und stammt aus – ja, eigentlich weiß man das gar nicht ganz genau. Möglicherweise ist die Heimat des Zwiebelgewächses *(Alliaceae)* Zentral- und Westasien. Nach Deutschland kam das besondere Gemüse zur Zeit Kaiser Napoleons. Im Erwerbsgartenbau hat die Etagenzwiebel nie Bedeutung erlangt, weshalb sie auch züchterisch nicht bearbeitet wurde. Sorten gibt es deshalb keine, nur die Art selbst, mit regionalen, kleinen Unterschieden. Wahrscheinlich liegt das an dem vergleichsweise geringen Ertrag, den die Etagenzwiebel aber mit einem tollen Geschmack wett macht.

Ab in den Garten

Bei verschiedenen Anbietern von biologischem Saatgut und alten Arten und Sorten bekommt man die kleinen Zwiebeln, die wie ihre Verwandten im März/April im Abstand von 50 cm in den Boden gesteckt werden. Bei guter Wasserversorgung und passendem Standort können Etagenzwiebeln recht ausladend werden. In meinem Garten wuchsen sie anfangs allerdings etwas verhalten, der erste Sommer war auch heiß und trocken, sodass ich ihnen mit Haselnusszweigen eine Stütze gegeben habe. Im nächsten Jahr war das nicht mehr nötig. Mit sandigem Lehm, Lehm- und Tonböden und auch mit etwas leichteren Böden kommen sie gut zurecht. Wenn der Platz dann noch sonnig ist, können Sie auf eine gute Ernte zählen, und das sogar rückenschonend, was ja nicht gerade Standard im Gemüsegarten ist.

Mmh, yummy!

Sie können fast ganzjährig, nämlich von April bis in den November ernten und die Zwiebeln dabei vorsichtig abdrehen. Zugegeben, das Schälen ist etwas mühsam, aber Sie werden mit einem phänomenalen Geschmack belohnt, weil die Zwiebeln mit ihrem scharfen Aroma ein Highlight in der Raritätenküche sind. Sie schmecken roh auf frischem Butterbrot oder im Salat, können gebraten oder wie Zwiebeln mitgekocht werden. Sie ergänzen Suppen und alle möglichen Gerichte und passen gut zu Mixed Pickles. Trocknet man die Zwiebeln an einem warmen, luftigen Platz, dann können sie genau wie die Küchenzwiebeln gut gelagert werden. Und noch etwas: Probieren Sie auch das junge Laub. Die Stängel können wie Lauch zubereitet werden.

Marke Eigenbau

Die Vermehrung geht nur vegetativ mithilfe der Brutzwiebeln, aber das ist wirklich einfach. Man kann den Pflanzen einfach freien Lauf lassen. Im Herbst werden die Pflanzen gelb, die Stängel verlieren an Spannkraft, sie neigen sich zum Boden – und so kommen die Zwiebeln ganz von alleine in die Erde. Wenn Sie ein bisschen mehr Ordnung bevorzugen, nehmen Sie die Zwiebeln im Herbst ab und lassen Sie sie trocknen, um sie dann im Frühjahr neu auszulegen.

FLAMMKUCHEN

Zutaten für 4 Portionen:
Flammkuchenteig aus 500 g Mehl
400 g Crème fraîche, 300 g Sauerrahm
Salz, Pfeffer, Muskatnuss
2 Küchenzwiebeln, 10 Etagenzwiebeln

Crème fraîche und Sauerrahm verrühren, würzen, die Zwiebeln in Ringe schneiden. Den Teig in vier Portionen teilen, dünn ausrollen, mit der Crème bestreichen, Zwiebelringe darauf verteilen. Im vorgeheizten Ofen bei 180 °C etwa 20 Minuten backen.

MÄDESÜSS

Es gibt ein Mädesüß für sonnige, trockene Standorte und eins für eher feuchtere Plätze in lichtem Schatten. Echtes und Kleines Mädesüß spielen zwar keine Hauptrolle in meinem Garten, aber ich möchte sie nicht missen.

Hingeschaut

Es gibt verschiedene Ansätze, den Namen Mädesüß zu erklären: Nach der Mahd, also dem Abmähen der Wiesen entsteht ein süßer Duft, der dem Kraut den Namen Mädesüß eingebracht haben soll. Anderen Quellen zufolge wurde Met mit Mädesüß aromatisiert, um dem Honigwein einen kräftigeren Geschmack zu verleihen. Welche Interpretation auch immer stimmen mag, eins steht fest: Das Echte Mädesüß verströmt einen wunderbaren Duft. Das liegt an den vielen weißen Einzelblüten, die in sogenannten Schirmrispen sitzen und im Sommer einem wolkigen Blütenmeer gleichen. Die Wildpflanze wird je nach Standort etwa 50–150 cm hoch, die Blätter sind kräftig grün und stark geadert. Die Früchte sind kleine Nüsschen, die wie eine Sichel geformt sind. Im Gegensatz zum Echten Mädesüß liebt das Kleine Mädesüß sonnige und trockene Standorte. Seine Wurzeln sind knollenartig verdickt, was ihm wohl die alternativen Namen Schäfernuss oder Erdeichel eingebracht hat. Es entwickelt fein gefiederte, am Boden bleibende Blattrosetten und bis 40 cm hohe Blütenstände, bei denen die weißen Blüten in Trugdolden sitzen und im Juni/Juli erscheinen.

Woher kommt's?

Filipendula ulmaria, das Echte Mädesüß, ist in fast ganz Europa, in Nord- und Mittelasien verbreitet. Es wächst wild an Bächen, Quellen, auf feuchten Wiesen und nährstoffreichen, schwach bis mäßig sauren Böden. Das Kleine Mädesüß *(Filipendula vulgaris)* wächst in der Natur dagegen eher auf kalkhaltigen, lehmig-humosen Halbtrockenrasen und an warmen Gebüschrändern von Europa bis Nordafrika und Westsibirien. Die Gattung *Filipendula* gehört zur Familie der Rosengewächse *(Rosaceae).*

Ab in den Garten

Mein Garten liegt an einem sonnigen Hang. Da hat es das Echte Mädesüß zuweilen sehr schwer, vor allem im Sommer 2018 hat es sehr gelitten. Mithilfe von regelmäßigen Wassergaben hat es sich dann aber trotz allem wieder erholt. Das Kleine Mädesüß ist da robuster und bleibt auch an heißen Tagen unbeeindruckt. Für eins der beiden findet sich im Garten also bestimmt ein Plätzchen. In vielen gut sortierten Gärtnereien werden die Wildstauden mittlerweile angeboten und dann im Frühjahr oder Herbst ausgepflanzt. Das Echte Mädesüß an einen halbschattigen bis sonnigen Platz, auf immer feuchtem, nährstoffreichen und leicht saurem Boden, das Kleine Mädesüß auf einem trockenen, sonnigen, eher kargen Standort. Ansonsten ist außer dem Gießen keine Pflege notwendig.

Mmh, yummy!

Die zarten jungen Blätter beider Mädesüßarten ernte ich vom Frühjahr bis in den Herbst. Sie schmecken gut in Salaten. Vor allem mit den Blüten, aber auch den Blättern können Sie Süß- und Fruchtspeisen sowie Getränke aromatisieren. Die sauberen, unbeschädigten Pflanzenteile werden einige Stunden in die zu aromatisierende Flüssigkeit gelegt und anschließend wieder entfernt. Echtes Mädesüß schmeckt nach Honig und einem Hauch von Mandeln, das Kleine Mädesüß eher nach Wein. In Frankreich wird Sahne mit Echtem Mädesüß aromatisiert und Mädesüß-Sorbet gereicht.

Marke Eigenbau

Im Herbst kann man den Wurzelstock teilen und so vermehren. Lässt man die Blüten stehen, samen sie sich selbst aus. Sie können aber auch Samen ernten und im Frühjahr an der gewünschten Stelle aussäen.

ZITRONENSORBET

Zutaten für 4 Portionen:
2 Bio-Zitronen, 150 g Zucker, 1 Eiweiß
1 Handvoll Blüten vom Echten Mädesüß

Zitronen abwaschen, Schale abreiben, Saft auspressen. 300 ml Wasser mit dem Zucker und der Zitronenschale aufkochen, bis sich der Zucker aufgelöst hat. Saft und Blüten zufügen, alles abkühlen lassen. Eiweiß nicht zu steif schlagen, unter die Masse ziehen und gefrieren lassen. Ab und zu durchrühren, um große Kristalle zu vermeiden.

NACHTKERZE

Die Blüten duften am Abend herrlich, sind eine tolle Bienenweide und gleichzeitig essbare Dekoration in Salaten, Suppen und mehr. Die Knospen können eingelegt, die Samen geröstet werden, sogar die Blätter und Wurzeln sind essbar.

Hingeschaut

Es gibt jede Menge verschiedener Nachtkerzenarten. Staudig wachsende Vertreter, wie die Duftende Nachtkerze, sind recht kurzlebig. Für den Permaveggie-Garten eignet sich aber auch die zweijährige Gewöhnliche Nachtkerze, obwohl sie genau genommen nicht zu den dauerhaften Gemüsen zählt. Weil sich alle Nachtkerzen aber gut versamen, sind sie schnell ein fester Bestandteil des Gartens. Die Gewöhnliche Nachtkerze wird etwa 1 m hoch, wobei sich im ersten Jahr lediglich eine flachliegende Blattrosette entwickelt und erst im zweiten Jahr der etwa 1 m hoch werdende Blütenstängel erscheint. Ab Juni bilden sich bis in den September hinein wunderschöne, schalenförmige, zitronengelbe Blüten. Sie öffnen sich erst am späten Nachmittag bis in den Abend hinein, und ihr Duft lockt zahlreiche Nachtfalter und andere nachtaktive Insekten an. Am nächsten Vormittag ist es dann schon vorbei mit diesen Blüten, aber das fällt kaum auf, weil immer neue gebildet werden. Auf diese Weise kommt es dann auch zu einer starken Samenbildung und Selbstaussaat. Die Duftende Nachtkerze bleibt mit etwa 70 cm Höhe deutlich kleiner, die Blüten sind blassgelb, ansonsten steht sie der Gewöhnliche Nachtkerze aber in nichts nach.

Woher kommt's?

Nachtkerzen kommen bei uns an Wegrändern oder auf offenen Freiflächen vor, sodass man denken könnte, sie stammen ursprünglich aus unseren Gefilden. Doch das stimmt nicht. Die Heimat von *Oenothera biennis,* der Gewöhnlichen Nachtkerze, und *O. odorata,* der duftenden Schwester, liegt in Nordamerika. Die Gattung *Oenothera,* allesamt Nachtkerzengewächse *(Onagraceae),* sind typische Einwanderer, die uns seit dem 17. Jahrhundert erfreuen und anfangs bei uns auch als Gemüsepflanzen genutzt wurden.

Ab in den Garten

Nachtkerzen sind ganz unkomplizierte Pflanzen, die auf sonnigen, trockenen, kalkhaltigen Böden gut gedeihen. Im Gegensatz zu vielen anderen Gemüsearten bevorzugen sie keine nährstoffreichen, sondern ärmere Standorte, die durchaus auch steinig sein dürfen. Gegen Wärme hat die Pflanze gar nichts einzuwenden. Für den Anfang können Sie 2–3 Pflanzen pro m^2 im Frühherbst setzen, das ist am erfolgversprechendsten. Oder Sie säen im Frühjahr in Saatschalen und pflanzen die Pflänzchen anschließend aus.

Mmh, yummy!

Sie können die Blüten und Samen immer ernten, sobald etwas zur Verfügung steht. Natürlich sollte man nicht alle Blüten ernten, sonst gibt es

Nachtkerzen sind zierende, lange blühende und dabei anspruchslose Pflanzen, die in jeden Garten passen.

ja keine Samen. Und diese dürfen auch nicht alle in der Küche landen, denn einige sollen ja ausfallen und für die Vermehrung sorgen. Die Blätter werden wie Spinat zubereitet. Die Blüten schmecken süßlich mit einer leichten Schärfe, die Knospen blanchiert man, bevor man sie in Essig einlegt. Die Samen schmecken gut im Müsli, wenn sie zuvor geröstet wurden. Dünsten, kochen, braten, das alles sind Zubereitungsmöglichkeiten für die Wurzeln, deren Ernte noch im ersten Standjahr der Pflanze bzw. im Rosettenstadium erfolgen muss.

Marke Eigenbau

Ich lasse immer einen Teil der Samen ausreifen und sichere mir damit den Fortbestand meiner Nachtkerzen. Alternativ oder wenn Pflanzen verschenkt werden sollen, erntet man das Saatgut, zieht Setzlinge heran und pflanzt sie im Frühherbst an die vorgesehenen Stellen.

SÜSSDOLDE

Wussten Sie, dass die noch grünen Samen der Süßdolde roh genascht werden können? Sie passen in Obstsalate genauso wie in Brotteig. Ein paar Exemplare wachsen wegen des zarten Laubs und der schönen Blüten bei mir auch im Ziergarten.

Hingeschaut

Sie ist schön, diese herrlich duftende Staude, die auch unter dem Namen Spanischer Kerbel bekannt ist. Ihre gefiederten Blätter erinnern ein wenig an Farn, die weißen Blütendolden erscheinen ab Mai und die schmalen langen Samen sind erst grün, später dunkelbraun und glänzend. In meinem Garten hat die Süßdolde eine Höhe von ca. 1 m erreicht, sie kann aber auch noch etwas größer werden. Schön ist auch das buschige Wachstum. In Gruppen gepflanzt sehen Süßdolden besonders hübsch aus, vor allem, wenn viele Insekten sie umschwirren.

Woher kommt´s?

Dass die Blüten, die im Sommer erscheinen, in Dolden zusammensitzen, legt nur einen Schluss nahe: Die Süßdolde *(Myrrhis odorata)* gehört in die Familie der Doldenblütler *(Apiaceae)*. Sie ist eine heimische Wildstaude, die in Mitteleuropa wächst und auf Wiesen und Weiden anzutreffen ist, an Wegrändern und auf eher feuchten Standorten.

Ab in den Garten

Eigentlich ist die Süßdolde recht anspruchslos, aber wenn sie wählen dürfte, würde sie sich im Garten wahrscheinlich einen halbschattigen, nährstoffreichen Platz suchen. Sie ist schattentolerant, kann man mitunter lesen, verträgt aber auch sonnigere Plätzchen, und das kann ich bestätigen. Im ersten Anbaujahr ist es allerdings schwierig, wenn es sehr trocken und warm wird. Dann haben sich nämlich die langen Pfahlwurzeln noch nicht richtig ausgebildet, und Trockenstress ist vorprogrammiert.
Als Kaltkeimer zählt die Süßdolde zu den Pflanzen, die zur Keimung niedrige Temperaturen nahe der Frostgrenze benötigen. Man sät deshalb am besten im November und Dezember. Allerdings lieben auch Wühlmäuse die Samen, und wer diese Nager im Garten hat, dem sei die Aussaat in Pflanzschalen ans Herz gelegt. Das kann dann getrost auch im Januar/Februar sein. Quellen Sie dafür die Samen in kaltem Wasser etwas vor. Füllen Sie die Saatschalen mit einem Gemisch aus guter Gartenerde und Sand. Legen Sie die Samen darauf aus und bedecken Sie sie mit etwas Erde. Feuchten Sie das Ganze an und stellen Sie die Schalen für 2–3 Wochen in den Kühlschrank. Zeigen sich die ersten Blattspitzen, stellen Sie die Schalen kühl und hell. Als Düngung reicht eine Kompostgabe im Frühjahr. Im Winter zieht die Süßdolde ein, weswegen im Ziergarten eine Unterpflanzung mit Frühlingsblühern empfohlen wird. Im Permaveggie-Garten nutze ich das, um ein paar schnelle Einjährige um die Süßdolden herum zu kultivieren, z. B. Feldsalat oder Spinat.

Die Samen der Süßdolde *(Myrrhis odorata)* sind eine feine Knabberei und sorgen für frischen Atem.

Mmh, yummy!

Der anisartige Geschmack der Süßdolde ist umwerfend. Vor allem die noch nicht ganz reifen Samen haben ein süßes Lakritzaroma und können einfach zwischendurch geknabbert werden. Sie lassen sich aber auch gut einfrieren, z. B. für die Weihnachtsbäckerei. Die reifen Samen verwendet man zerstoßen für Brotteig. Die Blätter ernte ich nach Bedarf, sie schmecken im Obstsalat sehr gut. Besonders intensiv schmecken auch die Stängel.

Marke Eigenbau

Ab Juli, wenn die ersten Samen reifen, samt sich die Süßdolde aus. Dann ist es Zeit, Saatgut zur Vermehrung zu ernten. Es darf aber nicht länger als bis zur nächsten Vegetationsperiode aufgehoben werden, denn nur frisches Saatgut keimt einigermaßen gut.

TAGLILIE

In meinen Staudenbeeten haben die Taglilien seit vielen Jahren einen festen Platz. Sie sind schön und pflegeleicht, das finde ich ganz wichtig. Dass alle Teile essbar sind, erfuhr ich erst vor 2 Jahren und habe jetzt eine noch größere Freude daran.

Hingeschaut

Ein Augenschmaus sind sie allemal, die schönen Taglilien, aber eben auch ein Gaumenschmaus. Als Blüten für die Küche vor einigen Jahren wiederentdeckt wurden, kamen auch Taglilien ins Gespräch, aber wer weiß schon, dass alle Teile der Pflanze essbar sind? Das Besondere an den vielen verschiedenen Arten und Sorten sind die Blüten, die sich ab Mai/Juni jeweils nur für einen einzigen Tag öffnen, dafür aber in einer so üppigen Fülle, dass die Blütezeit viele Wochen dauern kann, abhängig von der Sorte. Taglilien werden je nach Art und Sorte zwischen 20 und 120 cm hoch. Alle bilden längliche, bogig überhängende, bodenständige Blätter, die sich zu Horsten ausbreiten. Die langen Blütenstängel tragen glockenförmige Blüten in Gelb, Orange oder Rot oder sind mehrfarbig. Nach der Blüte sterben die Triebe ab, verholzen, und die Blätter ziehen ein. Fühlen sich Taglilien an ihrem Standort wohl, dann kommt ihr einnehmendes Wesen zum Tragen: Sie bilden nämlich laufend neue Tochterknollen unter der Erde und breiten sich damit aus. Zum Ernten ist das natürlich ideal.

Woher kommt's?

Hemerocallis heißen die Taglilien botanisch, die Gattung zählt zur Familie der Tagliliengewächse *(Hemerocallidaceae)*. *Hemerocallis citrina,* die Zitronengelbe Taglilie, duftet wunderbar nach Maiglöckchen, es gibt eine Essbare Taglilie (*H. esculenta)* – wobei die anderen auch essbar sind – und noch viele Arten mehr, vor allem aber auch eine große Auswahl an Sorten. Taglilien stammen ursprünglich aus Ostasien und sind dort als Nahrungspflanze sehr beliebt.

Die Essbare Taglilie *(Hemerocallis esculenta)* leuchtet sonnengelb aus dem Beet.

Ab in den Garten

Sonne oder Halbschatten, einen durchlässigen Boden, der nicht zu trocken ist – das braucht die Taglilie und ist ansonsten mit zwei jährlichen Kompostgaben zufrieden. Pflanzen Sie im Frühjahr oder Herbst je 3–4 Pflanzen pro m^2. Setzen Sie sie den Wurzelansatz etwas unter die Erde.

Mmh, yummy!

Ernten Sie einfach nach Bedarf. Die Knospen können Sie frittieren, backen, einlegen, die Blüten roh in Salate geben oder kochen. Zum Dünsten und Braten sind die knackig frischen Austriebe geeignet. Die Samen kommen zerdrückt als Topping auf Suppen oder Salate. Sogar die Wurzeln sind essbar. Wenn also der Bestand überhand nimmt – einfach aufessen!

Marke Eigenbau

Wenn die Samenkapseln trocken werden und aufzuplatzen beginnen, ist es Zeit für die Ernte. Lagern Sie die Samen für einige Wochen im Kühlschrank, das regt die Keimung an. Im Frühjahr ziehen Sie drinnen vor und pflanzen im Mai aus. Effektiver ist aber die Teilung der Pflanzen im Herbst.

Die Blüten der Taglilien sind sehr dekorativ. Sind sie verwelkt, entwickeln sie Früchte mit essbaren Samen.

EXOTISCH GUT

Dahlie
Flügelbohne
Oca
Yacon

Die Mimosen – nicht ganz winterhart

Fast überall auf der Welt gibt es essbare Stauden, die an die jeweiligen Klimabedingungen angepasst sind. Bei uns sind manche nicht winterhart, für den Permaveggie-Garten aber trotzdem sehr interessant.

Dahlien sind ja noch bekannt, wenn auch nicht als Gemüse, aber Yacon und Oca? Da steigen viele Gärtnerinnen und Gärtner dann doch aus. Verständlich, sie sind einfach noch zu exotisch in unseren Breiten. Aber wer weiß, wie sich der Klimawandel noch auswirkt. Vielleicht lassen sich bald Nutzpflanzen anbauen, die zuvor bei uns nicht überlebt hätten. Und bis dahin werden wir diese exotischen Besonderheiten einfach frostfrei überwintern und im nächsten Jahr wieder auspflanzen. Das ist zwar etwas mehr Arbeit, aber sie lohnt sich.

Abstammung: Südamerika

Wie viele andere unserer Gemüsearten stammen auch Dahlien, Yacon und Oca aus Südamerika, genauer gesagt aus Mexiko und Peru. Dort ist es auch im Winter recht warm, und die Pflanzen mussten sich keine Überlebensstrategie für Kälteeinbrüche einfallen lassen. Seit vielen Hundert Jahren werden sie schon als Nahrungspflanzen von den Ureinwohnern Südamerikas genutzt. Grund genug, sie im eigenen Garten auszuprobieren. Die Bedingungen dafür scheinen besser zu werden, denn die durchschnittlichen Temperaturen steigen an. Bei fast allen Arten, die im Folgenden porträtiert werden, sind es die Knollen, die gegessen werden. Ich habe für meinen Permaveggie-Garten diese Arten ausgesucht, weil sich die Knollen so wunderbar leicht ernten und zudem platzsparend überwintern lassen.

Überwintern leicht gemacht

Yacon und Oca werden wie Dahlien überwintert. Vor oder auch nach dem ersten Frost schneidet man die Stängel einige Zentimeter über dem Boden ab und gräbt die Knollen aus. Die meisten Knollen verarbeite ich in der Küche, ein paar von jeder Art kommen bis zum nächsten Frühjahr an einen frostfreien, dunklen Platz. Ich lege sie nebeneinander in kleine Holzkistchen. Vermerken Sie darauf immer den Sortennamen, die Höhe und bei Dahlien auch die Blütenfarbe. Denn selbst wenn ich es mir fest vornehme, mir alles zu merken – bis zum nächsten Frühjahr habe ich bestimmt schon vergessen, um welche Knollen es sich in welchem Kistchen handelt. Ab März hole ich die Knollen wieder hervor, setze sie in Erde und fange vorsichtig zu gießen an. Ab Mai geht es dann raus in den Garten.
Die Flügelbohne ist dagegen ein mehrjähriges Fruchtgemüse, das bedingt durch seine afrikanische Abstammung aber nicht wirklich winterhart ist. Sie wird am besten wie andere Kübelpflanzen frostfrei und hell im Gefäß überwintert.

DAHLIE

Dahlien sind durch ihre opulente Blüte bekannt und durch ihren unglaublichen Reichtum an Formen, Farben und Größen. Fast so groß ist auch die geschmackliche Vielfalt der Knollen. Nicht alle sind essbar, einige Sorten aber sehr empfehlenswert.

Hingeschaut

Gefüllt oder ungefüllt, Kaktus-, Halskrausen- oder Seerosen-Dahlien – die Vielgestaltigkeit von Dahlien ist fast unüberschaubar. Es gibt hohe und niedrige Sorten mit hellgrünen bis fast dunkelvioletten Blättern und Blütenfarben von Weiß bis Schwarzrot. Die Blüten bestehen aus kleinen Einzelblüten, die in einer Art Körbchen zusammensitzen. All das ist für den Permaveggie-Garten schönes Beiwerk, aber es geht hier in erster Linie um die essbaren Teile, und das sind bei den Dahlien die Knollen.

Woher kommt's?

Die Dahlie – oder ist Ihnen der norddeutsche Begriff Georgine besser bekannt? –, botanisch als *Dahlia* bezeichnet, ist eine Südamerikanerin, die gemäß ihrer Blütenform in die Familie der *Asteraceae,* der Korbblütler, eingeordnet wird. Was heutzutage in unseren Gärten, in Parks und öffentlichen Anlagen wächst und blüht, sind allesamt aus Kreuzungen entstandene Sorten. Tatsächlich sollen Dahlien aber schon vor vielen Hundert Jahren bei den Azteken als Nutzpflanzen angebaut worden sein.

Ab in den Garten

Im Nutzgarten werden Dahlien nicht anders gehegt und gepflegt wie im Ziergarten auch. Nicht jede Knolle ist aber auch genießbar – es gibt große Unterschiede zwischen den Sorten. Wer sich keinem Selbsttest unterziehen will, sollte sich auf die Erfahrungen verschiedener Gärtner verlassen – das habe ich auch gemacht. Markus Kobelt, Chef der Schweizer Firma Lubera, ist hier ein echter Vorreiter. Er hat mit seinen Mitarbeitern viele Sorten auf ihre kulinarische Qualität getestet. In meinem Garten wachsen die Dekorative Dahlie 'Hapet® Hoamatland' und die Semikaktus-Dahlie 'Hapet® Black Jack', empfehlenswert sind auch 'Kennedy' und 'Sunset'. Die Sorte 'Hapet® Buga München' wächst gut im Kübel. Dahlien mögen einen sonnigen, warmen Platz. Der Boden sollte nicht zu trocken sein, durchlässig und humos. Die Knollen zieht man im Frühjahr ab März/April in Töpfen vor. Wenn sie ausgetrieben haben, setzt man sie nach den letzten Spätfrösten in den Garten.

Mmh, yummy!

Nach dem ersten Frost im Herbst graben Sie die Dahlienknollen aus, weil sie frostfrei überwintert werden müssen. Nur die äußeren Knollen schmecken wirklich gut. Schneiden Sie diese ab und lagern Sie die älteren inneren Knollen frostfrei und trocken, am besten mit Namensschildern versehen. Wer Dahlien vermehren möchte, darf einfach nicht so viele Knollen aufessen. 'Hapet® Hoamatland' und 'Kennedy' schmecken ähnlich wie Schwarzwurzeln, 'Sunset' schmeckt nach Kohlrabi, 'Hapet® Buga München' erinnert dagegen eher an Petersilie. Die Knollen schälen und wie Kartoffeln kochen oder für Aufläufe, Quiches und Ähnliches verwenden. Die Knollen können Sie auch einfrieren.

Dahlienknollen bergen überraschende Aromen unter dem unscheinbaren Äußeren.

KNOLLENSUPPE

Zutaten
für 4 Portionen:
500 g Dahlienknollen
100 g Kartoffeln
1 EL Butter, 1 l Gemüsebrühe
100 ml Schlagsahne, Salz, Pfeffer
frisches Bohnenkraut

Dahlienknollen und Kartoffeln waschen, schälen, würfeln. Die Butter schmelzen und das Gemüse darin andünsten. Mit Gemüsebrühe aufgießen und ca. 15 Minuten köcheln lassen, bis alles weich ist. Die Suppe vom Herd nehmen und pürieren, Schlagsahne einrühren und mit Salz, Pfeffer und frischem Bohnenkraut würzen.

FLÜGELBOHNE

Blüten, Früchte, Samen, aber auch junge Blätter und sogar die Knollen dieser exotischen Permaveggie-Pflanze sind in der Küche vielseitig verwendbar. Frost verträgt die Flügelbohne nicht und ist deshalb bestens für die Kultur in Kübeln geeignet.

Hingeschaut

Ihr Name ist Programm: Die 10–30 cm langen Hülsen haben auffällige, flügelartige Kantenausweitungen, was sehr hübsch aussieht. Die Flügel- oder Goabohne bildet ein starkes, flaches Wurzelgeflecht, später auch kräftigere Knollen. Sie windet sich 2–3 m in die Höhe und das beinahe in Windeseile. Die recht großen dreilappigen Blätter erscheinen in Grün bis Purpur. Die in Trauben stehenden Blüten in verschiedenen Blautönen oder Weiß sind im Sommer und Herbst zu sehen.

Woher kommt´s?

Vermutlich stammt die Flügelbohne *(Psophocarpus tetragonolobus)* aus Afrika oder aber aus Indonesien bzw. Papua-Neuguinea. Das liegt nahe, denn die größten Anbaugebiete liegen heute in Südostasien, Indien, Ghana, Nigeria, Tansania und der Karibik. Vor allem Blätter und Früchte sind sehr eiweißreich, aber auch alle anderen essbaren Teile. Und das, wie auch die Schnellwüchsigkeit, ist der Grund dafür, dass die Flügelbohne als wichtige Nutzpflanze in tropischen Gegenden angebaut wird.

Ab in den Garten

Das feuchtwarme Klima der Ursprungsgebiete der Flügelbohne lässt sich in unseren Gärten schwerlich herstellen. Dass die mehrjährige Pflanze frostempfindlich ist, kommt beim Anbau erschwerend hinzu. Trotzdem lohnt es sich, einen Kultivierungsversuch zu starten, am besten gleich in Kübeln mit Klettergerüst. Dazu legen Sie im Mai 2–3 Samen in ausreichend großen Gefäßen (Abstand 30 × 40 cm) 2 cm tief in die Erde. Die Pflanzen brauchen bei 15–20° C 15–20 Tage zur Keimung. Während des Wachstums sind 20–27° C für Flügelbohnen genau richtig. Düngen Sie ein- bis zweimal mit einem organischen Dünger. Im Winterquartier sollte die Temperatur 10–15 °C betragen, gießen Sie dann nur sporadisch.

Mmh, yummy!

Bis zur ersten Ernte habe ich ein Jahr vergehen lassen. Mehrjährige Gemüse brauchen eben anfangs etwas länger, dafür sind sie ja auch dauerhaft. Die Blätter kann man vom Frühjahr bis zum Herbst pflücken – natürlich nicht zu viele – und wie Spinat zubereiten. Die Hülsen reifen ab Juli über einen längeren Zeitraum, es sollte dann etwa alle acht Tage gepflückt werden. Flügelbohnen sind wahre Multitalente, weil alle Teile der Pflanze essbar sind. Die Hülsen sind ein tolles Wok-Gemüse, kurz blanchiert schmecken sie in Salaten, Suppen oder als Gemüse. Die Knollen bereitet man wie Kartoffeln zu und die Samen wie Erbsen. Alle Teile sind sehr eiweißreich.

Marke Eigenbau

Reife Samen ernten, mit heißem Wasser übergießen, 24 Stunden einweichen lassen und in Aussaaterde säen. Das ist die einfachste und beste Vermehrungsart.

Sehr exotisch wirken die Früchte der eiweißreichen Flügelbohne *(Psophocarpus tetragonolobus)*.

FLÜGELBOHNEN-GEMÜSE

Zutaten für 4 Portionen:
300 g frische, junge Flügelbohnen
400 g gegarter Rundkornreis
Thai-Chili-Sauce nach Belieben

Die Flügelbohnen waschen und in kochendem Salzwasser ca. 5 Minuten bissfest garen. Zusammen mit dem Reis anrichten und die Chili-Sauce dazu reichen. In Asien isst man die scharfe Nam-Prik-Sauce dazu.

OCA

Im Spätherbst ist Erntezeit bei der Ocapflanze, dem Knolligen Sauerklee. Die kleinen, essbaren Knöllchen gibt es in Rosa, Rot und gelblichem Weiß. Sie können wie Kartoffeln zubereitet werden und lassen sich gut lagern.

Hingeschaut

Oca ist eine sehr attraktive Pflanze. Sie bildet stark verzweigende Rhizome, die im Herbst mit den kürzer werdenden Tagen essbare, 3–4 cm große Knöllchen bilden. Die etwa 30–40 cm hoch wachsenden Stängel sind fleischig, etwas dicker und in der Farbe dunkelgrün bis purpurn. An ihren Enden sitzen die schönen kleeblattartigen , dreigeteilten, grünen bis purpurnen Blätter. Die Blüten sind gelb, aber in unseren Breiten entwickeln sich leider meist keine.

Woher kommt´s?

Auch die Oca *(Oxalis tuberosa)* stammt aus den Anden, genau wie die Yaconpflanze (Seite 88/89), und wird in ihrem Ursprungsland noch immer als Nahrungspflanze genutzt, wenn auch in geringerem Umfang. Seit dem 19. Jahrhundert wird Oca aber auch in Mexiko und Neuseeland angebaut. Erste Anbauversuche mit Oca als Nahrungspflanze in europäischen Gärten haben in den letzten Jahren in Irland und England stattgefunden. So langsam wird sie nun auch bei uns salonfähig.

Ab in den Garten

Wie bei den Kartoffeln bilden sich bei Ocaknollen kleine Austriebe. Pflanzen Sie derart vorgekeimte Knollen in den Garten aus, aber erst im Mai, wenn es keine Nachtfröste mehr gibt. Pflanzen Sie nicht ganz so flach und häufeln Sie die Pflanzen ein bisschen an, wenn sie sich ausbreiten. Sie können die Triebe mit Krampen am Boden fixieren oder mit etwas Erde bedecken. Sobald die Triebe Bodenkontakt haben, bewurzeln sie sich und bilden dann auch dort Knöllchen. Weil sich Oca so schön ausbreitet, ist ein Abstand zwischen den Pflanzen von 40–50 cm günstig. Ein halbschattiger Platz eignet sich bestens. Durchlässiger, nährstoffreicher Boden und ausreichend Feuchtigkeit sind wichtig, damit Sie auf eine gute Ernte hoffen können. In sehr heißen, trockenen Sommern herrscht eher Stillstand, und weil diese in Zeiten des Klimawandels häufiger werden, ist der passende Standort besonders wichtig.

Mmh, yummy!

Mit den kürzer werdenden Tagen im Herbst wachsen die Knollen. Ernten können Sie nach dem ersten Frost. Jede Pflanze bildet bei guten Wachstumsbedingungen etwa 20 Knöllchen. Diese holen Sie mit einer Grabegabel aus dem Boden. Überwintern Sie einige kühl und trocken, der Rest ist für die Küche. Roh, gekocht, gedünstet, gebacken, frittiert oder gebraten – es gibt viele Möglichkeiten des Genusses von Oca. Geschält werden die Knöllchen nicht, nur

Ocaknöllchen können pink, weiß, bräunlich oder gelblich sein.

gründlich abgewaschen. Die frischen Knollen schmecken leicht zitronig, aber immer ein bisschen sauer. Das liegt an der enthaltenen Oxalsäure, die beim Kochen jedoch in das Kochwasser übergeht. Deshalb schütten Sie das Kochwasser am besten weg. Auch die fleischigen, saftigen Stängel können Sie essen. Die sind allerdings noch säuerlicher im Geschmack. Probieren Sie selbst aus, ob es Ihnen schmeckt. Auch hier gilt: Oxalsäure geht durchs Kochen ins Kochwasser über. Kochwasser also wegschütten.

Marke Eigenbau

Da es bei uns nicht zur Blüte der Pflanze kommt, ist eine Vermehrung über Samen nicht möglich. Eine Vermehrung über die Knollen ist dafür einfach. Legen Sie die sauberen Knollen nach der Ernte nebeneinander in Kisten und lagern Sie sie trocken bei ca. 5 °C.

YACON

Ursprünglich stammt Yacon aus den Anden und wird dort schon seit über 1000 Jahren als Nahrungspflanze angebaut. Zeit genug, um nun auch in unseren Gärten Einzug zu halten. Die essbaren Knollen sind knackig, saftig und süß.

Hingeschaut

Eine Mimose ist Yacon beileibe nicht, nur die Kälte setzt ihr eben zu. Aber das ist kein Grund, sie nicht in den Permaveggie-Garten zu holen. Es bedarf, wie bei den Dahlien, eines etwas größeren Aufwands, ansonsten lohnt sich der Anbau auf jeden Fall. Was an den Yaconpflanzen sofort auffällt, sind die großflächigen, bis zu mannshohen Blätter, die sich während der Vegetationszeit entwickeln. Die »Wurzel« selbst ist ein Rhizom und sollte einer genaueren Betrachtung unterzogen werden. Es besteht nämlich genau genommen aus zwei Teilen: den essbaren großen Speicherknollen einerseits und den Vermehrungsknospen andererseits. Diese Vermehrungsknospen sind nicht essbar, recht klein und liegen direkt unterhalb der Stängel in der Erde. Die essbaren Knollen entwickeln sich darunter.

In sehr warmen Sommern können sich auch orange-gelbe Blüten entwickeln, die wie kleine Sonnenblumenblüten aussehen, aber das ist tatsächlich nicht jedes Jahr der Fall.

Woher kommt's?

Polymnia sonchifolia ist der botanische Name der Yaconpflanze, die anderswo auch Inkawurzel genannt wird. Sie ist in den Anden zu Hause und wird in Südamerika schon sehr lange als Nahrungspflanze angebaut. Yacon ist ein Korbblütler *(Asteraceae)*, der mittlerweile auch in Asien, den USA, Australien, Neuseeland und in Teilen Europas kultiviert wird.

Ab in den Garten

In verschiedenen gut sortierten Gärtnereien und bei Pflanzenanbietern im Internet bekommt man sowohl rotschaligen als auch weißschaligen Yacon als Knollen oder als bereits vorgezogene Pflanzen. Diese setzen Sie ab Mitte Mai im Abstand von 40–50 cm in den Garten. Sie werden erstaunt sein, wie schnell die Entwicklung vonstatten geht. Schon nach wenigen Wochen ist der Boden bedeckt, und es entwickeln sich die langen Blattstiele. Suchen Sie einen Platz aus, an dem sich die Pflanze ein wenig ausbreiten kann, der sonnig, durchlässig und nährstoffreich ist. Die Überwinterung der Vermehrungsknospen kann genauso erfolgen wie bei Dahlien.

Mmh, yummy!

Wenn im Oktober/November die ersten Fröste dem bunten Treiben der Herbstblüher ein Ende setzen, dann ist Erntezeit für Yaconknollen. Pro Pflanze können 4–5 kg essbare Speicherknollen geerntet werden! Die rotschaligen Yaconknollen sind nicht ganz so süß wie die weißschaligen Sorten. Sie werden geschält, gekocht und als Gemüse, Auflauf, Suppe oder Püree verzehrt. Die süßeren weißschaligen Knollen schmecken ein bisschen nach Birne und sind ganz frisch super knackig und saftig. Man kann Sie auch roh essen. Sie passen sogar in den Obstsalat. Yacon passt gut in Wokgerichte und scharfe Speisen, die Süße bildet dann einen aromatischen Ausgleich. Und wenn Sie zu viel davon haben, frieren Sie die geschälten und gekochten Knollen einfach ein.

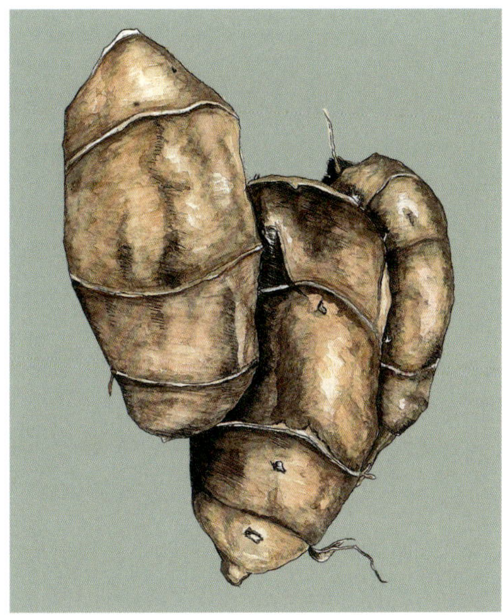

Yacon ist noch neu im europäischen Gemüsebeet, wird Ihr Herz aber bestimmt erobern.

Marke Eigenbau

Die Blüten entwickeln sich – wenn überhaupt – erst spät im Jahr. Sie bilden bei uns keine Samen. Deshalb vermehren Sie Yacon über das Rhizom, besser gesagt über die Vermehrungsknospen. Lassen Sie beim Ernten immer auch ein paar Speicherknollen stehen, sonst haben die Pflanzen keine Kraft für den Neuaustrieb.

BEZUGSQUELLEN

Bezugsquellen für Pflanzen und Saatgut

ARCHE NOAH
Obere Straße 40
A-3553 Schiltern
www.arche-noah.at

Bingenheimer Saatgut AG
Kronstraße 24
61209 Echzell
www.bingenheimersaatgut.de

Bioland Gärtnerei Strickler
Wormser Straße 78
55232 Alzey
www.gaertnerei-strickler.de

Bioland Hof Jeebel
Biogartenversand OHG
Jeebel 17
29410 Salzwedel OT Jeebel
www.biogartenversand.de

Deaflora
Andrea Hellmich
Dr.-Wolff-Straße 6
14542 Werder/Havel
OT Glindow
www.deaflora.de

Dreschflegel GbR
In der Aue 31
37213 Witzenhausen
www.dreschflegel-saatgut.de

Gärtnerei helenion
Kleine Straße 2a
17291 Grünow
www.helenion.de

La'Bio!
Gartenbau Willi Rankers
Schreursweg 15 + 18
47638 Straelen
www.labio.de

Landgefühl
Green Contor GmbH
Torsholter Hauptstr. 11
26655 Westerstede-Torsholt
www.land-gefuehl.de

Lubera GmbH
Im Vieh 8
26160 Bad Zwischenahn/
OT Ekern
www.lubera.com

Rühlemann's
Kräuter und Duftpflanzen
Auf dem Berg 2
27367 Horstedt
www.kraeuter-und-duftpflanzen.de

Syringa Duftpflanzen und Kräuter
Bachstraße 7
78247 Binningen
www.syringa-pflanzen.de

ADRESSEN UND LITERATUR

Informationen

ARCHE NOAH
Obere Straße 40
A-3553 Schiltern
Tel.: +43 (0)2734 8626
info@arche-noah.at
www.arche-noah.at

Bayerische Gartenakademie
An der Steige 15
97209 Veitshöchheim
Tel.: +49 (0)931 9801-0
poststelle@lwg.bayern.de
www.lwg.bayern.de

Bildungsstätte Gartenbau
Gießener Straße 47
35305 Grünberg
Tel.: +49 (0)6401 9101-0
info@bildungsstaette-gartenbau.de
www.bildungsstaette-gartenbau.de

Bundesministerium
für Ernährung und Landwirtschaft (BMEL)
(früher: aid infodienst Ernährung, Landwirtschaft, Verbraucherschutz e. V.)
Wilhelmstraße 54
12117 Berlin
Tel.: +49 (0)30 18529-0
poststelle @bmel.bund.de
www.bmel.de

Familien-Park Agrarium
Almegg 11
A-4652 Steinerkirchen an der Traun
Tel.: +43 (0)724 525810
office@agrarium.at
www.agrarium.at

Gartenakademie
Baden-Württemberg e. V.
Diebsweg 2
69123 Heidelberg
Grünes Telefon:
+49 (0)900 1042290
Tel.: +49 (0)6221 7484810
gartenakademie@lvg.bwl.de
www.gartenakademie.info

gARTenakademie
Sachsen-Anhalt e. V.
Salzwedeler Torstraße 34
39638 Hansestadt Gardelegen
Tel.: +49 (0)1573 6888488
info@gartenakademie-sachsen-anhalt.de
www.gartenakademie-sachsen-anhalt.de

»Natur im Garten«
Mecklenburg-Vorpommern
Das Gartentelefon
Tel.: +49 (0)39934 899646
Jeden Montag
von 13–17 Uhr
info@natur-im-garten-mv.de
www.natur-im-garten-mv.de

Stiftung
Pro Specie Rara
Unter Brüglingen 6
CH-4052 Basel
Tel. +41 (0)61 5459911
info@prospecierara.ch
www.prospecierara.ch

Verein zur Erhaltung der
Nutzpflanzenvielfalt e. V.
Walburger Straße 2
37213 Witzenhausen
Tel.: +49 (0)4847 8097058
geschaeftsstelle@nutzpflanzen-vielfalt.de
www.nutzpflanzenvielfalt.de

Empfehlenswerte Literatur

Barstow, S., 2014: **Around the World in 80 Plants.** Permanent Publications, East Meon (UK)

Collignon, P., Bureau, B., 2018: **Mehrjähriges Gemüse – einmal pflanzen, dauernd ernten.** Verlag Eugen Ulmer, Stuttgart

Gampe, J., 2016: **Permakultur im Hausgarten.** Ökobuch-Verlag, Staufen im Breisgau

Heistinger, A., Verein Arche Noah, 2016: **Bio-Gemüse-Ratgeber:** Einfach anbauen. Vielfalt ernten. edition loewenzahn, Löwenzahn Verlag, Innsbruck

Kelsey, A., 2014: **Edible Perennial Gardening:** Growing successful polycultures in small spaces. Permanent Publications, East Meon (UK)

REGISTER

Halbfette Seitenzahlen verweisen auf Abbildungen.

BILDNACHWEIS

Umschlag: Cover (U1): Shutterstock/DUSAN ZIDAR; Rückseite (U4) l: Corina Steffl; m: Shutterstock/Kelly Marken; r: Shutterstock/EQRay.

Alamy Stock Fotos/Andreas Jones Images: 23; /Bob Gibbons: 54; /Joan gravell: 44; /Tim Gainey: 20; **Gapphotos**/Dave Bevan: 22; **iStock**/seven75: 28mr, 46; **Lubera**: 80ol, 82; **Mauritius**/foodcollection: 52, 63; /Garden World Images/Trevor Sims: 2/3, 50, 78; /Klaus Scholz: 48; /Science Source/Nigel Cattlin: 9; **permakultur-akademie**: 6/7; **Shutterstock**/Aliasemma: 31; /Anamaria Mejia: 88; /Annop Kesom: 80ml, 84; /Bildagentur Zoonar GmbH: 62; /Captain Boma: 4, 16or, 21; /ChWeiss: 5, 10, 28ml, 39; /Del Boy: 38; /Dwayne Fussel: 14; /EQRoy: 80mr, 87; /ikwc_exps: 66ml, 79o; /IvanaJankovic: 11, 12, 60; /Kelly Marken: 58; /Manfred Ruckszio: 24, 28ol, 34; /Martien van Gaalen: 4/5, 66ol, 72; /mizy: 28ur, 36; /NANCY AYUMI KUNIHIRO: 64; /neil hardwick: 42; /neil langan: 16ur, 25; /Orest lyzhechka: 66ur, 70; /Peter Turner Photography: 66mr, 68, 80ur, 86; /petratrollgrafik: 76; /photowind: 74; /RukiMedia: 1, 40; /Simoncountry: 16ml, 26; /Singkham: 13; /Stephen Farhall: 56; /Successo images: 65; /Testbild: 30; **Corina Steffl**: 8, 16mr, 18, 32, 90; **Christine Weidenweber**: 15, 53, 79u, 95l, 95r.

Illustrationen: Julia Weidenweber

ÜBER AUTORIN UND ILLUSTRATORIN

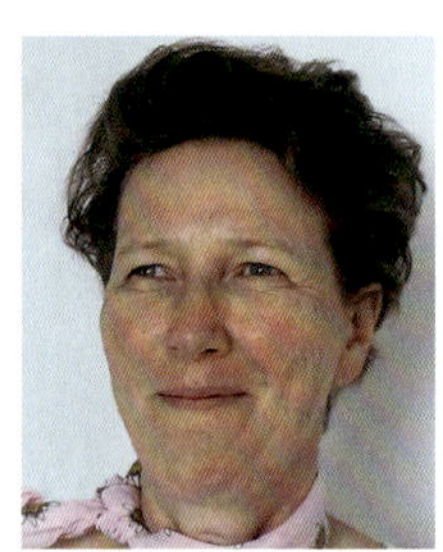

Christine Weidenweber ist diplomierte Agrarwissenschaftlerin und seit 1998 als Lektorin, Redakteurin und Autorin verschiedener Gartenbücher tätig. Ihre Schwerpunkte liegen dabei neben der Landwirtschaft vor allem im Gartenbau und der Ernährung. Seit vielen Jahren ist sie ehrenamtlich für den Deutschen Wetterdienst als phänologische Beobachterin im Spessart unterwegs. Aufgewachsen ist Christine Weidenweber auf einem bäuerlichen Betrieb in der Nähe von Kassel. In ihrer Kindheit und auch heute noch werden alte Bräuche in ihrem Elternhaus gepflegt. Sie interessiert sich aber auch sehr für fortschrittliche, ökologische Systeme in Gartenbau und Landwirtschaft.

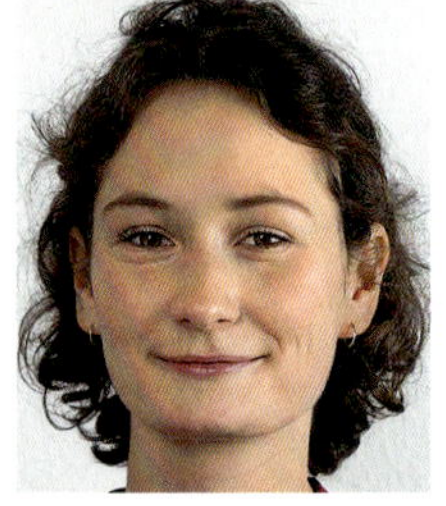

Julia Weidenweber studiert Umweltplanung an der TU Berlin. Im Rahmen ihres Studiums beschäftigt sie sich unter anderem mit Pflanzenarten und deren Verwendung im Freiraum sowie deren Funktionen im Naturhaushalt. Neben ihrem Studium illustriert und gestaltet sie bereits seit 2014 Bücher und Zeitschriften.

Lektorat: Corina Steffl
Korrektorat: Dr. Helga Hofmann
Umschlag und Layout: griesbeckdesign, Dorothee Griesbeck, München
Herstellung: Hermann Maxant
Satz: Anton Walter, Gundelfingen
Repro: Repro Ludwig, Zell am See
Druck und Bindung:
Friedrich Pustet, Regensburg

ISBN 978-3-8354-1881-3

1. Auflage 2019

Wichtiger Hinweis
Das vorliegende Buch wurde sorgfältig erarbeitet. Dennoch erfolgen alle Angaben ohne Gewähr. Weder Autor noch Verlag können für eventuelle Nachteile oder Schäden, die aus den im Buch vorgestellten Informationen resultieren, eine Haftung übernehmen.

Liebe Leserin und lieber Leser,
wir freuen uns, dass Sie sich für ein BLV-Buch entschieden haben.
Mit Ihrem Kauf setzen Sie auf die Qualität. Kompetenz und Aktualität unserer Bücher. Dafür sagen wir Danke! Ihre Meinung ist uns wichtig, daher senden Sie uns bitte Ihre Anregungen, Kritik oderLob zu unseren Büchern.
Haben Sie Fragen oder benötigen Sie weiteren Rat zum Thema?
Wir freuen uns auf Ihre Nachricht!

Wir sind für Sie da!
Montag – Donnerstag:
9.00–17.00 Uhr
Freitag: 9.00–16.00 Uhr

Telefon:
00800 / 72 37 33 33*
Telefax:
00800 I 50 12 05 44*
Mo–Do: 9.00–17.00 Uhr
Fr: 9.00–16.00 Uhr
(*gebührenfrei in D, A, CH)

E-Mail: leserservice@graefe-und-unzer.de

GRÄFE UND UNZER Verlag
Leserservice
Postfach 860313
81630 München

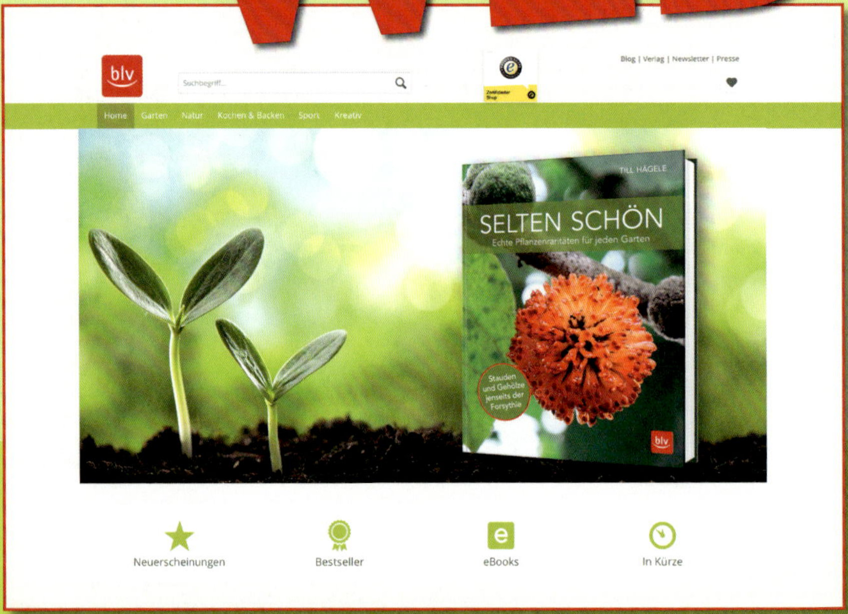

INHALT

CHRISTINE WEIDENWEBER
& JULIA WEIDENWEBER
GEMÜSE
FOREVER!
Einmal pflanzen – viele Jahre ernten
blv